普通高等教育力学系列"十三五"规划教材

工程断裂力学

曹彩芹 华 军 主编

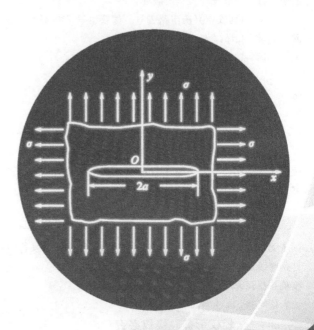

西安交通大学出版社
XI'AN JIAOTONG UNIVERSITY PRESS

图书在版编目(CIP)数据

工程断裂力学/曹彩芹,华军主编.—西安:西
安交通大学出版社,2015.8(2019.8 重印)
ISBN 978 - 7 - 5605 - 7674 - 9

Ⅰ.①工… Ⅱ.①曹… ②华… Ⅲ.①工程力学-断
裂力学 Ⅳ.①TB12

中国版本图书馆 CIP 数据核字(2015)第 165582 号

书　　名	工程断裂力学
主　　编	曹彩芹　华　军
责任编辑	王　　欣

出版发行	西安交通大学出版社
	(西安市兴庆南路 1 号　邮政编码 710048)
网　　址	http://www.xjtupress.com
电　　话	(029)82668357　82667874(发行中心)
	(029)82668315(总编办)
传　　真	(029)82668280
印　　刷	西安日报社印务中心

开　　本	787mm×1092mm　1/16　印张 10.875　字数 260 千字
版次印次	2015 年 8 月第 1 版　2019 年 8 月第 4 次印刷
书　　号	ISBN 978 - 7 - 5605 - 7674 - 9
定　　价	25.00 元

版权所有　侵权必究

前　言

　　断裂力学作为固体力学的一个分支,在结构强度设计、安全可靠性分析和缺陷评定规范与标准中得到广泛应用,并在迅速发展。断裂力学将力学、工程学和材料学三者紧密结合起来,是一门涉及工科多专业的课程,是力学专业和相关专业的一门重要专业课。

　　传统的断裂力学教学内容主要注重的是在力学知识的基础上对经典的基础理论的介绍,忽视了近年来断裂力学的新理论、新方法和新成果,跟不上前沿学科的新发展。同时,学生在学习的过程中陷入繁琐的理论推导过程中,易对断裂力学课程产生畏难情绪,而多数专业的学生学习断裂力学的主要目的是应用于工程实践,解决工程实际问题。因此,在断裂力学的教学中,作者认为要解决好三个方面的问题:

　　(1)要培养学生掌握学科的基本知识、基本理论和基本方法;

　　(2)要紧跟学科新发展,对学生传授较新的成熟的理论、方法和成果;

　　(3)培养学生解决实际工程问题的能力,力图在力学研究成果和工程实践应用二者间架设一座桥梁。

　　本书在编写的过程中,力图做到解决上面的三个问题。本书分为两部分,第一部分为基础知识,重点阐述传统断裂力学的基本理论和方法,主要内容有:能量释放理论、应力强度因子理论、复合型裂纹断裂理论、弹塑性断裂力学以及疲劳与裂纹扩展;第二部分为专题部分,重点介绍了反映断裂力学最新发展的理论、研究方法和数值计算以及断裂力学的工程应用,主要内容包括断裂力学中常用的数值方法及计算软件应用、板壳断裂力学和岩石断裂力学,数值方法中包括边界元法、有限元法、扩展有限元法和分子动力学方法。

　　在本书理论阐述方面,作者有意识强化基本概念、基本理论和基本方法,在不影响内容完整性的前提下,对繁琐的数学推导与数学运算加以淡化,以便于读者用更多的精力掌握主要内容。

　　本书针对高等学校工程力学专业、土木工程专业、材料冶金工程类专业断裂力学课程而编写,基础部分内容适合本科生和研究生学习,专题部分内容适合研究生学习,建议结合学校的专业特色,选取两部分中的相关内容进行讲授,比如第二部分中的用有限元法计算应力强度因子,也可以作为本科生的教学内容并上机实习。本书也可供工科其他相关专业本科生和研究生自学使用,对相关专业的工程技术人员也有实用的参考价值。

本书第一部分和附录 A、附录 C 由曹彩芹编写,其中,李华参与附录 C 的部分内容和第 6 章的部分内容的编写;第二部分和附录 B 由华军编写。感谢硕士研究生王超、刘秦龙、张宇辉、武霞霞、侯燕等在文字录入和绘图等方面做的大量工作。本书在编写的过程中,参考、借鉴和引用部分国内外教材、公开发表的专著和期刊文献上的研究资料,特别是陆毅中编写的《工程断裂力学》,程靳、赵树山编写的《断裂力学》,柳春图、蒋持平编写的《板壳断裂力学》和李世愚、尹祥础编写的《岩石断裂力学》,在此对所有参考文献的作者表示衷心的感谢。

由于作者水平和经验有限,疏漏之处在所难免,对于读者和专家的指正,作者深表谢忱。

作　者
2015 年 5 月 8 日于西安建筑科技大学

目　录

第一篇　基础知识

第二篇　专题部分

第一篇 基础知识

第1章 绪 论

断裂力学是固体力学的一个分支,是研究含裂纹物体强度和裂纹扩展规律的一门学科,也称裂纹力学。

断裂力学萌芽于20世纪20年代格里菲斯(Griffith)对玻璃低应力脆断的研究,20世纪50年代才作为一门真正的学科建立起来。断裂力学的任务是:求得各类材料的断裂韧度;确定裂纹体在给定外力作用下是否发生断裂,即建立断裂准则;研究载荷作用下裂纹扩展规律;研究在腐蚀环境和应力同时作用下物体的断裂(即应力腐蚀)。目前,断裂力学已在航空、航天、交通运输、化工、机械、材料、能源等工程领域得到广泛的应用。

1.1 材料力学中的构件安全设计准则

承载构件的强度破坏可分为两类:一类是以屈服为主的破坏;另一类是以断裂为主的破坏。防止屈服、断裂是材料力学这门学科的主要任务之一。根据材料力学的结论,对于每种材料都要求测定五项力学性能指标:屈服应力 σ_s,抗拉强度 σ_b,伸长率 δ,冲击韧度 a_k 和截面收缩率 ψ,其中屈服应力 σ_s 和抗拉强度 σ_b 是强度指标,而伸长率 δ、冲击韧度 a_k、截面收缩率 ψ 是韧性指标。

材料力学的研究已经清楚地说明,材料光有足够的强度是不行的,必须同时具有足够的韧性,以避免断裂的发生。局部的应力集中可造成数倍于平均应力的峰值应力,对于脆性材料,此峰值应力由于超过材料的强度极限会立即造成断裂;但对韧性材料,峰值应力会造成局部屈服,从而使应力松弛而重新分布,峰值应力被抑制而不超过屈服极限,避免了断裂。

以上述五项力学性能指标为依据的设计方法称为常规设计方法。常规设计方法规定平均应力(或者是强度理论计算的相当应力)不超过某一"许用应力"值,而伸长率和冲击韧度则不低于某些规定值。

一般情况下,按照传统的常规设计方法所设计的构件,绝大多数都能够保证安全使用。但是常规设计方法有时会发生意外的断裂,特别是下面几种情况:

(1)高强度材料和超高强度材料 $\sigma_s > 1400$ MPa。

(2)焊接结构。

(3)处于低温或者是处于腐蚀环境中的结构。

如 1898 年 12 月 13 日,纽约市大贮气罐破裂,导致许多人受伤或死亡,并毁坏周围大量财物。

1913 年 1 月 3 日,波士顿一高压水管破裂,使该地区被淹。

1938—1942 年,世界上有 40 座全焊接铁桥未见任何异常现象却突然发生断裂而倒塌。

1943—1947 年,美国制造的 5000 多艘全焊接"自由轮",竟发生 1000 多起断裂事故,其中 238 艘完全毁坏,有的甚至折成两段。

1943 年 1 月,一艘油轮在码头交付使用时突然断裂成两段,当时的气温为 -5 ℃。计算表明,断裂船体所受拉应力仅为 70 MPa,而船体钢材为低碳钢,屈服点约为 250 MPa,抗拉强度为 $400 \sim 500$ MPa。

1949 年,美国东俄亥俄州煤气公司的圆柱形液态天然气罐发生爆炸,使周围的街市化为废墟。

20 世纪 50 年代初,美国北极星导弹的固体燃料发动机壳材料为高强度钢($\sigma_s = 1400$ MPa),经传统方法检验合格,但在试验发射时发生爆炸事故,然而破坏应力却不到 σ_s 的一半。

以上这些事故发生时工作应力低于屈服应力 σ_s,按照传统的材料力学观点是无法解释的,这引起了人们对这些事件的高度重视。

人们对这些事故进行了大量的调查研究后发现,无论是中、低强度钢,还是高强度材料都可能发生脆性断裂,并具有以下几个共同的特点:

(1)断裂时的工作应力较低,通常不超过材料的屈服应力,甚至还低于常规设计的许用应力,即使是塑性材料也发生脆性断裂。所以通常称这类破坏为低应力脆断。

(2)脆断总是由构件内部存在宏观尺寸(肉眼可见的、0.1 mm 以上)的裂纹源扩展引起。这种宏观裂纹源可能是在加工过程或使用过程中产生的。

(3)裂纹源一旦超过一定尺寸(临界尺寸),裂纹将以极高速度扩展,直到断裂。

(4)中、低强度钢的脆断事故一般发生在较低的温度(15 ℃以下),而高强度材料则没有明显的温度效应。

研究人员通过广泛而深入的研究,从根本上去分析常规设计方法,认识它的不足,寻找更加合理的设计途径,分析中发现:

(1)传统的设计思想存在一个严重的问题,就是它把材料视为无缺陷的均匀连续体,这与工程实际中构件的情况是不相符的。

对于工程实际中的构件,总是不可避免地存在着各种不同形式的缺陷(如气孔、裂纹等),正是由于这些缺陷的客观存在,使材料的实际强度大大低于理论模型的强度。

(2)研究结果还显示,脆性断裂是由于裂纹和应力集中造成的,并且发现低温也往往会导致常用的各类钢发生脆性断裂。

据此,研究者得到如下的结论:裂纹(缺陷)是造成构件低应力脆性断裂的原因。

传统的设计准则把材料(有缺陷)作为理想化的材料,而实际上材料的缺陷使得这些准则不完全适合。应力集中的出现使得这些准则并不能得到满足,所有的参数不能满足缺陷存在的情况。

显然,这种情况下不承认裂纹存在的传统材料力学以及相关的弹塑性力学的判断强度准则已经不适用了,我们需要研究带裂纹物体的力学性质,因此,一门新型学科——断裂力学诞生了。断裂力学的任务就是找到一种新的参数来研究存在缺陷的构件的安全问题。

1.2　断裂力学的发展

断裂力学的发展最早可以追溯到 20 世纪 20 年代,其研究的内容几乎完全是以断裂为主的破坏。

1920 年,英国人格里菲斯(Griffith)研究玻璃中裂纹的脆性扩展,成功地提出了以含裂纹体的应变能释放率为参量的裂纹失稳扩展准则,其内容是:结构体系内裂纹扩展,体系内总能量降低,降低的能量用于裂纹增加新自由表面的表面能;裂纹扩展的临界条件是裂纹扩展力(即应变能释放率)等于扩展阻力(裂纹扩展增加自由表面能而引起的阻力)。该准则很好地解释了玻璃的低应力脆断现象。格里菲斯理论可用于估算脆性固体的理论强度,并给出了断裂强度与缺陷尺寸之间的正确关系。

1944 年,泽纳(Zener)和霍洛蒙(Hollomon)首先把格里菲斯理论用于金属材料的脆性断裂。1949 年,欧文(Irwin)指出格里菲斯的能量平衡应该是体系内储存的应变能与表面能、塑性变形所做的功之间的能量平衡,并且还指出,对于延性大的材料,表面能与塑性功相比一般是很小的。同时把 G 定义为"能量释放率"或"裂纹驱动力",即裂纹扩展过程中增加单位长度时系统所提供的能量,或裂纹扩展单位面积系统能量的下降率。格里菲斯的断裂判据和欧文能量平衡理论都是基于能量守恒理论而建立的断裂判据,被称为经典的断裂理论。

1957 年,欧文提出表征外力作用下,弹性物体裂纹尖端附近应力强度的一个参量——应力强度因子,建立以应力强度因子为参量的裂纹扩展准则——应力强度因子准则(即 K 准则)。其内容为:裂纹扩展的临界条件为 $K_I = K_{Ic}$,其中 K_I 为应力强度因子,可由弹性力学方法求得;K_{Ic} 为材料的临界应力强度因子或平面应变断裂韧度,可由试验测定。采用弹性力学的方法得到应力强度因子的断裂判据的理论,称为现代断裂力学。

欧文对于断裂力学的重要贡献是将格里菲斯理论的能量释放率概念与一个更便于计算的裂纹尖端的参量——应力强度因子 K 联系起来,从而为线弹性断裂力学奠定了理论基础。因为应力强度因子和能量释放率概念的建立及应用都是以线弹性力学为基础的,故这两部分理论被称为线弹性断裂力学,其为分析含裂纹结构的强度提供了新的有力工具。

线弹性断裂力学着重研究出现断裂时在裂纹尖端附近具有线弹性变形和小范围塑性变形的情况,也就是说,外加应力要低于净截面屈服应力。但是随着生产技术的发展,许多工程结构由于材料的韧性足够大,在载荷增大时,伴随着裂纹扩展的塑性区已经达到裂纹尺寸、试件尺寸的同一数量级,显然,线弹性变形或者小范围塑性变形条件已不能满足,线弹性的假设已不成立,所以必须发展弹塑性断裂力学。

最早考虑裂纹尖端塑性区效应的方法是在线弹性断裂力学的基础上加以修正。1958 年,欧文提出,裂纹尖端塑性区的存在使结构的刚度比完全按线弹性分析所得结果要"弱"一些,这相当于使裂纹长度稍微增大一点,在计算应力强度因子时用增大了的当量裂纹长度。用这种修正方法可以扩大线弹性断裂力学的应用范围。

当裂纹尖端大范围内应力与应变呈非线性关系时,裂纹尖端进入大范围屈服和全面屈服的状态,基于线弹性变形的线弹性断裂力学的理论不再适用。

1963 年,韦尔斯(Wells)发表有关裂纹尖端张开位移(CTOD)的著名论文,提出以裂纹尖端张开位移作为断裂参量判别裂纹失稳扩展的一个近似工程方法。其内容是:不管含裂纹体的形状、尺寸、受力大小和方式如何,当裂纹尖端张开位移 δ 达到临界值 δ_c 时,裂纹开始扩展。δ_c 是表征材料性能的常数,由试验得到。此准则主要针对韧性材料短裂纹平面应力断裂问题,特别是裂纹体内出现大范围屈服和全面屈服的情况。

1968 年,Rice 和 Hutchinson 等人基于全量塑性理论得到一个与裂纹顶端路径无关的积分,后来被称为 J 积分,此积分值是裂纹顶端应力应变状态的一种综合度量。他们的工作为 J 积分方法奠定了理论基础。随后,Hutchinson、Rice 和 Rosengren 建立了著名的 HRR 奇性场。HRR 奇性场表征了弹塑性材料裂纹尖端应力应变场的主要特征,而 J 积分表示了 HRR 奇性场强度。Begley 和 Landes 的工作使 J 积分作为弹塑性断裂力学主要参量的体系建立起来。在此基础上,J 积分理论及其应用成为弹塑性断裂力学中一个最为活跃的研究领域,并取得了丰硕的成果。1972 年以后,Begley 和 Landes 等人通过实验证实,在一定条件下,J 积分的临界值 J_C 是一个材料常数,当超过这个临界值时,裂纹开始扩展,用此作为韧性材料裂纹起始扩展的判据。至此,弹塑性断裂力学得到快速发展,并且迅速应用于工程实践。

20 世纪 50 年代初期,关于焊接船体断裂事故的分析、关于"彗星号"客机的疲劳断裂分析,以及其他一些重大断裂事故的分析,都明确地表明:大多数材料和工程构件中不可避免地存在宏观裂纹,而宏观裂纹扩展将导致材料破坏。分析裂纹在疲劳载荷下扩展至临界尺寸的过程是非常必要的。在众多的描述裂纹扩展速率的公式中,Paris 等在 1961 年提出的以应力强度因子变程作为控制裂纹扩展速率的主要参量的公式,具有明显的优越性。但由于疲劳裂纹扩展速率受到许多因素的影响,它们不是简单的 Paris 公式所能概括的,随后的研究工作中,考虑不同因素的影响,又提出了许多改进了的疲劳裂纹扩展速率公式。

1979 年，Hutchinson 和 Paris 以 J 积分为控制参量，分析裂纹扩展，提出 J_R 阻力曲线概念。在 J 积分作为单参数断裂准则时，数值计算表明，裂纹尖端的应力应变场难以用 HRR 场表征，而 J_c 的测定依赖试样几何尺寸和加载方式。从 1986 年开始，王自强等人逐渐建立了裂纹尖端弹塑性高阶场的基本方程，为弹塑性断裂双参数断裂准则提供了理论基础。20 世纪 90 年代，针对裂纹起始扩展提出了 J-Q 和 J-K 双参数准则。

对动态断裂的定量分析是由 Mott 在 1948 年作出的，1951 年 Yoffe 提出了裂纹动力学（动态断裂力学）的解。此后，围绕着裂纹的扩展（如动态载荷下裂纹起始扩展、界面动态裂纹扩展）、动态裂纹止裂、裂纹分叉、快速断裂的起裂点、动态能量释放率、动态断裂韧度等课题进行了大量理论分析和实验工作。近年来，非线性断裂力学、动态断裂力学和微观断裂力学在理论上有了新的进展，特别是随着计算机技术的快速发展，计算断裂力学得到极大的发展，延伸到断裂研究的各个方面。近年来发展起来的数值方法包括有限元法、边界元法、扩展有限元法，可以很好地解决断裂力学问题，如裂纹尖端应力应变场的求解，应力强度因子、J 积分的计算，以及裂纹尖端奇异性计算等问题。1999 年，由美国西北大学 Belytschko 提出的扩展有限元法，基于单元分裂的思想，在常规有限元位移模式中加进一些特殊的函数以反映不连续面的存在，因此在计算过程中，不连续场的描述完全独立于网格边界，这使其在处理断裂问题上具有得天独厚的优势。在国内外，扩展有限元法已经得到了快速发展和广泛应用。分子动力学方法也是近年来发展起来的一种研究断裂力学的方法，该方法是一种重要的原子尺度计算机模拟手段，依靠牛顿力学来模拟分子体系的运动，抽取样本计算体系的构型积分，以构型积分的结果为基础，进一步计算体系的热力学量和其他宏观性质。分子动力学模拟技术既能得到原子运动的轨迹，又能像做实验一样观察，所以越来越多的学者应用分子动力学方法，来研究裂纹萌生和扩展时的规律和机理，并取得了不少进展。

在断裂力学发展的初期和以后相当长的一段时间内，研究主要针对金属材料，但由于大量非金属材料逐渐引入工程结构，人们也试图将断裂力学理论扩展到非金属材料、复合材料结构的分析中去。近年来，对纤维增强复合材料、高分子聚合物、陶瓷材料以及岩石等方面的断裂力学的研究，日益引起研究者的兴趣，并取得了许多成果，例如，各向异性材料断裂力学、界面裂纹问题等，甚至在采矿、地震和破冰等领域，断裂力学理论也得到了应用。

但迄今为止，断裂动力学仍是一门不很成熟的学科，例如，它不能处理加载速率很高的动态断裂现象，也不能处理裂纹传播速度较大的扩展裂纹，而非线性断裂动力学尚未真正建立起来。断裂力学还是一门年轻的学科，它还很不成熟，还有大量问题有待于深入研究和继续探讨。

1.3 断裂力学主要内容

根据研究的观点和出发点不同，断裂力学可以分为微观断裂力学和宏观断裂力学。微观断裂力学是研究原子位错等晶体尺度内的断裂过程;宏观断裂力学属于固体物理学的范畴,它是从宏观的连续介质力学角度出发,研究含缺陷或裂纹的物体在外界条件(荷载、温度、介质腐蚀、中子辐射等)作用下宏观裂纹的扩展、失稳开裂、传播和止裂规律。所谓宏观裂纹,是指在材料制造或在加工和使用过程中形成的宏观尺度(10^{-2} cm 以上)的裂纹缺陷。在实际结构中,这种裂纹的存在是不可避免的。本书第一部分基础知识主要研究的是宏观断裂力学。第二部分主要内容除分子动力学方法外也都属于宏观断裂力学范畴。断裂力学发展至今,越来越需要深入到微观,在原子或者分子尺度上研究裂纹萌生和扩展的微观特性,并建立起微观特性与宏观行为的联系,解释裂纹萌生和扩展的内在本质规律。第二部分中介绍的分子动力学模拟技术,既能得到原子运动的轨迹,还能像做实验一样观察微观细节,是研究微观断裂力学现象的有力工具。

宏观断裂力学通常又分为线弹性断裂力学和弹塑性断裂力学。

线弹性断裂力学是应用线性弹性理论研究物体裂纹扩展规律和断裂准则。线弹性断裂力学可用来解决材料的平面应变断裂问题,适用于大型构件和脆性材料的断裂分析。线弹性断裂力学主要用于宇航工业,因为在宇航领域减轻重量是非常重要的,所以必须采用高强度低韧性的金属材料。实际上金属材料裂纹尖端附近总存在着塑性区,若塑性区很小(如远小于裂纹长度),经过适当的修正,仍可以用线弹性断裂力学进行断裂分析。线弹性断裂力学主要内容有:能量守恒与断裂判据,应力强度因子,复合型裂纹的脆性断裂理论。

弹塑性断裂力学是应用弹性力学、塑性力学研究物体裂纹扩展规律和断裂准则,适用于裂纹尖端附近有较大范围塑性区的情况。由于直接求裂纹尖端附近塑性区断裂问题的解析解十分困难,目前多采用 J 积分法、CTOD 法、R 曲线法等近似或实验方法进行分析。塑性断裂力学在焊接结构缺陷的评定,核电工程的安全性评定,压力容器、管道和飞行器的断裂控制,以及结构物的低周疲劳和蠕变断裂的研究方面起重要作用。弹塑性断裂力学主要内容有:裂纹尖端张开位移 CTOD,J 积分理论。

1.4　断裂力学的任务和方法

断裂力学是研究含裂纹物体的变形体力学。一方面,运用弹性力学、塑性力学以及试验力学的方法,获得各种结构在外荷载作用下裂纹尖端的力学参数;另一方面,通过实验的方法测量各种材料在不同的热处理条件下各力学参数的临界值和裂纹在重复荷载作用下的扩展规律。

断裂力学的任务是:

(1)研究裂纹体的应力场、应变场与位移场,寻找控制材料开裂的物理参量。

(2)研究材料抵抗裂纹扩展的能力——韧性指标的变化规律,确定其数值及测定方法。

(3)建立裂纹扩展的临界条件——断裂准则。

(4)含裂纹的各种几何构形在不同荷载作用下,控制材料开裂的物理参量的计算。

断裂力学的研究方法是:从弹性力学方程和塑性力学方程出发,把裂纹作为一种边界条件,考察裂纹顶端的应力场、应变场和位移场,设法建立这些场与控制断裂的物理参量的关系和裂纹尖端附近的局部断裂条件。

掌握断裂力学的任务和方法,可以解决以下问题:

(1)剩余强度的计算问题。结构型式已定,裂纹情况已知,这个裂纹的承载能力如何?

(2)确定损伤容限。结构型式已定,外荷载情况已知,容许最长的裂纹是多少?

(3)损伤容限设计。已知结构的损伤容限(容许的最长裂纹)和外荷载,如何使结构中各部件的截面满足要求?

(4)寿命计算。在重复荷载作用下,计算初始裂纹长度扩展至容许裂纹长度所需要的加载次数。

(5)选择材料。确定什么材料可以容许比较长的裂纹存在而不发生断裂,什么材料抵抗裂纹扩展的性能比较好,什么材料抗腐蚀性能较好。

目前,用线弹性断裂力学解决脆性和准脆性断裂问题已获得一致的公认,但是对于弹塑性问题,虽然提出不少的理论,但由于问题的复杂性,目前仍然没有获得统一的解决办法,这也是广大力学工作者特别关注的问题。

本书仅阐述断裂力学的基本原理、方法和应用。

第 2 章　能量守恒和断裂判据

在断裂力学建立以前,机械构件是根据传统的材料力学的强度理论进行设计的,对于构件的任何部分,设计应力的水平一般都不得大于材料的屈服应力。

对于含裂纹构件安全设计,采用传统材料力学的设计方法是不能满足要求的。现代断裂力学对含裂纹物体的裂纹端点区进行应力应变分析,从而得到表征裂端区应力应变场强度的参量。然而,在 20 世纪 50 年代以前,用来进行裂纹端区的应力应变分析的手段尚不成熟。本章介绍的是在现代断裂力学建立以前,科学家根据能量守恒定律建立的断裂判据,主要包括 Griffith 的断裂判据和 Irwin - Orowan 能量平衡理论。相对于现代断裂力学,这部分内容称为经典的断裂理论。

2.1　固体的理论断裂强度

为了研究构件因有裂纹而损失的强度,我们首先对无裂纹弹性体的断裂强度进行简单的介绍。

物质是由原子组成的,原子之间靠电磁力结合在一起。固体被拉断,显然是破坏了原子之间的结合。对于结晶体固体,其内部原子按一定次序排列,晶体的形状是多种多样的,下面以立方晶格为例。此时,晶格的 8 个原子排列在 8 个定点上,原子间由原子键相连接,如图 2.1.1 所示。

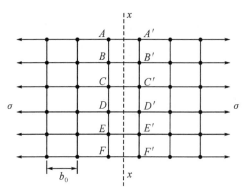

图 2.1.1　原子晶格排列

图中每个小圆点代表一个原子,在材料左右两侧沿原子轴方向施以应力 σ,加载前原子间距离为 b_0。假设应力足够大,克服了 x—x 平面两边原子间的吸引力,晶体沿 x—x 断裂。断裂面两边的一对原子,例如 C-C',除它们之间的相互作用力之外,其他原子对它们也有作用力。为了简单起见,只考虑 C-C' 原子之间的相互作用力。

由量子力学可以得到原子间相互结合力 F 与原子之间距离 b 的数学关系

$$F(b) = \alpha b^{-n} - \beta b^{-m} \tag{2.1.1}$$

式中:α、β、m、n 为原子的特征常数,且 $m > n > 1$,αb^{-n} 为吸引力,βb^{-m} 为排斥力。$F(b) = 0$ 表示原子本身之间的吸引力与排斥力处于平衡状态,此时原子之间距离为

$$b_0 = \left(\frac{\alpha}{\beta}\right)^{\frac{1}{m-n}} \tag{2.1.2}$$

$F(b)$ 随着原子之间距离 b 的变化规律如图 2.1.2 所示,图中纵坐标表示原子间结合力 $F(b)$,横轴表示两原子间的距离 b,纵轴上方为吸引力,下方为排斥力。

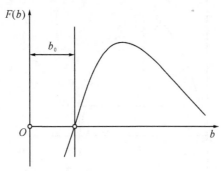

图 2.1.2　原子间结合力随距离变化图

从图 2.1.2 中可以看出,当两原子间距为 b_0 时,原子处于平衡位置,原子间的作用力为零;离开平衡位置后,随着原子间的距离的增大,结合力 F 越来越大,直到最大,过最大值后,随着原子之间距离的增大,结合力迅速减少。

一对原子之间的结合力可以看成均匀分布、作用在 $b_0 \times b_0$ 的结晶面上的正应力,即 $\sigma = F(b)/b_0^2$,现在将图 2.1.2 的纵坐标除以 b_0^2 变成应力轴,横坐标减去 b_0 变成位移轴($x = b - b_0$),可得应力位移曲线。这条曲线可以近似地看作正弦曲线的半个波,如图 2.1.3 所示。用数学公式表示应力 σ 和位移 x 的关系为

$$\sigma = \sigma_c \sin(2\pi x/\lambda) \tag{2.1.3}$$

式中:λ 为波长,当位移达到 x_m 时吸引力最大,为 σ_c。拉力超过此值以后,引力逐渐减小,在位移达到正弦周期之半($\lambda/2$)时,原子间的作用力为零,即原子键已完全破坏,达到完全分离的程度。可见,理论断裂强度即相当于需克服的最大引力 σ_c。

图 2.1.3 中正弦曲线下所包围的面积代表使金属原子完全分离所需的能量。从宏观上看,物体断裂后将出现断裂面,断裂面总是成对出现,分离后形成两个新表面。设 γ 为产生单位断裂面所需要的表面能,外界对原子所做的功完全用于形成新的断裂面,所以有

$$2\gamma = \int_0^{\frac{\lambda}{2}} \sigma \mathrm{d}x = \frac{\lambda}{\pi}\sigma_c \tag{2.1.4}$$

对于小应变情况,有 $\sigma = \sigma_c 2\pi x/\lambda$,引入弹性模量 E,则 $\sigma = E\varepsilon = Ex/b_0$,可得理论断裂强度

$$\sigma_c = \left(\frac{E\gamma}{b_0}\right)^{1/2} \tag{2.1.5}$$

这个公式是在理想情况下导出的,具有很重要的意义,它说明完整晶体的理想断裂强度完全取决于原子间的作用力,与材料的弹性模量 E、表面能 γ 以及平衡状态下原子间距 b_0 有关。

若以 $\gamma = 1.0 \text{ J/m}^2$,$b_0 = 3.0 \times 10^{-8} \text{ cm}$ 代入式(2.1.5)中,可算出 $\sigma_c \approx E/10$,这当然是很大的应力值,实际工程材料的断裂强度要比这个值小得多,说明了工程实际中材料不可避免地存在裂纹或其他缺陷,使材料的断裂强度急剧下降。

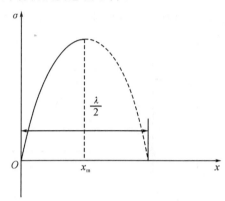

图 2.1.3　原子间应力位移曲线

2.2　裂纹对材料强度的影响

多数固体的理想断裂强度的数量级为 $E/6$,但是实际上结晶体和玻璃的断裂强度要比理论计算的断裂强度低得多,至少低一个数量级,即 $E/100$。格里菲斯首先提出理想值和实际值差别的原因,他认为物体内部可能含有很小的缺陷,在缺陷的某一部位产生严重的应力集中,应力集中必然导致材料的实际断裂强度远低于该材料的理论断裂强度。

具有裂纹的弹性体受力以后,在裂纹尖端区域将产生应力集中现象,但是应力集中是局部性的,离裂纹尖端稍远处,应力分布又趋于正常。

在裂纹尖端区域应力集中的程度与裂纹尖端的曲率半径有关,裂纹越尖锐,应力集中的程度越高。

图 2.2.1 所示为无限大薄平板,存在贯穿的椭圆形切口,承受单向均匀拉应力作用,切口长轴为 $2a$,短轴为 $2b$,根据 Inglis 的线弹性解,当长轴端点 A(或 A')的曲率半径 $\rho \ll a$,最大拉应力发生在椭圆长轴端点 A(或 A')处,其值为

$$(\sigma_y)_{\max} = \sigma(1 + 2\frac{a}{b}) \tag{2.2.1}$$

该点处的曲率半径为

$$\rho = \frac{b^2}{a} \tag{2.2.2}$$

将式(2.2.2)代入式(2.2.1)中得到

$$(\sigma_y)_{\max} = \sigma(1 + 2\frac{a}{b}) = \sigma(1 + 2\sqrt{\frac{a}{\rho}}) \tag{2.2.3}$$

由式(2.1.5),我们已得到固体材料的理论断裂强度值为 $\sigma_c = (E\gamma/b_0)^{1/2}$,按照传统强度理论观点,当切口端点处的最大应力达到材料理论强度值时材料断裂,即

$$(\sigma_y)_{\max} = \sigma_c \tag{2.2.4}$$

现将式(2.1.5)和式(2.2.3)代入式(2.2.4)中,考虑 $\rho \ll a$,即得到固体材料断裂的临界应力的大小

$$\sigma_t = \sigma = \sqrt{\frac{E\gamma}{b_0}} \Big/ (1 + 2\sqrt{\frac{a}{\rho}}) \approx \sqrt{\frac{E\gamma\rho}{4ab_0}} \tag{2.2.5}$$

当固体材料中的缺陷是尖裂纹缺陷时,裂纹尖端的曲率半径就要用原子间距 b_0 来代替,此时式(2.2.5)变为

$$\sigma_t = \sqrt{\frac{E\gamma}{4a}} \tag{2.2.6}$$

式(2.2.6)说明临界应力的大小随着裂纹长度而改变,裂纹越短,临界应力越高,裂纹越长,临界应力越低。一般固体材料的表面能 γ 为 $0.01b_0E$ 时,如果取宏观裂纹尺寸 $2a = 5000b_0$,则其断裂应力比材料的理论强度值降低约 100 倍,这就从应力集中观点解释了固体材料的实际断裂强度远低于理论强度这一客观事实,因为固体材料中难免有裂纹(缺陷)存在。

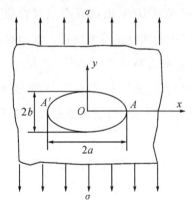

图 2.2.1　无限大薄平板上椭圆切口的最大拉应力

2.3　格里菲斯断裂理论

格里菲斯是 20 世纪 20 年代英国著名的科学家,他基于能量守恒原理,建立了能量释放率的断裂判据,此理论在现代断裂力学中仍占有相当重要的地位。

考虑如图 2.3.1(a)所示的格里菲斯裂纹问题(即无限大平板带有穿透板厚的中心裂纹),在无穷远处作用均匀拉伸应力 σ,板内有一条长为 $2a$ 的穿透性中心裂纹,以及图 2.3.1(b)所

示的矩形平板带有单边裂纹的问题,裂纹长度为 a,这是一个 I 型裂纹问题。

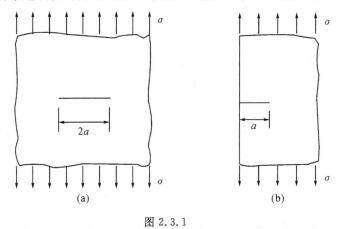

图 2.3.1

(a)格里菲斯裂纹;(b)带有单边裂纹的矩形板受到单向均匀拉伸

两平板的厚度均为 B,由于对称关系,现在只考虑图 2.3.1(a)中右边裂纹端点。在拉伸应力的作用下,此裂纹端点是向正前方扩展的,根据格里菲斯能量释放观点,在裂纹扩展的过程中,能量在裂端区释放出来,此释放出来的能量用来形成新的裂纹面积。因此,定义裂端的能量释放率为:能量释放率是指裂纹由某一端点向前扩展一个单位长度时,平板每单位厚度所释放的能量,用 G 来表示,其单位为牛顿/米(N/m)。

材料本身是具有抵抗裂纹扩展能力的,因此只有当拉伸应力足够大时,裂纹才有可能扩展。此抵抗裂纹扩展的能力可以用表面自由能来度量。表面自由能定义为材料每形成单位裂纹面积所需的能量,其量纲与能量释放率 G 相同,用 γ 来表示。若只考虑脆性断裂,则裂端区的塑性变形可以忽略不计,在准静态的情形下,裂纹扩展时,裂端区所释放出来的能量全部用来形成新的裂纹面积。根据能量守恒定律,裂纹发生扩展的必要条件是裂端区释放的能量等于形成裂纹面积所需要的能量。

设每个裂端的裂纹扩展量为 Δa,则由能量守恒定律有

$$G(B\Delta a) = \gamma(2B\Delta a) \tag{2.3.1}$$

上式中 $2B\Delta a$ 为裂纹新增的面积,注意裂纹有上下两个表面,整理后得到

$$G = 2\gamma \tag{2.3.2}$$

式(2.3.2)就是格里菲斯断裂判据,左端能量释放率 G 是与受力结构的型式(裂纹长度、形状、位置及结构其他几何形状)以及外荷载有关,G 的单位为 N/m,从这个单位来看,G 似乎又是这样一个含义:裂纹扩展单位长度所需的力,所以有时又把 G 称之为裂纹扩展力,把它看作企图驱动裂纹扩展的动力。而右端的表面自由能 γ 是与材料有关的参数,可以看作是一个材料常数,由实验确定。为了与 G 相对照,通常使用临界能量释放率 G_c 或裂纹扩展阻力 R 来表示式(2.3.2)右端项,这样式(2.3.2)就可以表示成如下形式

$$G = G_c \tag{2.3.3}$$

只要我们能确定出如何计算带裂纹物体裂端的能量释放率 G，就可以使用格里菲斯断裂判据。若 $G \geqslant G_c$，则裂纹就会失稳扩展而断裂；若 $G = G_c$，则裂纹就处于不稳定平衡状态；若 $G < G_c$，则裂纹不会扩展（处于静止状态），此时 G 值仅代表裂纹是否会发生扩展的一种倾向能力，裂端并没有真的释放出能量。

考虑带有裂纹的弹性体，在拉伸载荷作用下裂纹维持静止，则此弹性体所储存的总应变能 U 要比在没有裂纹时所储存的应变能 U_0 大，两者之差用 U_1 表示，U_1 是由于裂纹存在而附加的应变能。假设裂纹发生了准静态扩展，裂端所释放的能量是由总应变能的一部分转化过来的，因此比较裂纹扩展前后的总应变能就可以得到能量释放率。

考虑图 2.3.1(b) 所示的单边裂纹，设裂纹的扩展长度为 Δa 时的总应变能为 $U(a + \Delta a)$，扩展前的总应变能为 $U(a)$，则由能量守恒定律和能量释放率的定义，可得

$$G = \lim_{\Delta a \to 0} \frac{1}{B} \frac{U(a + \Delta a) - U(a)}{(a + \Delta a) - a} = \frac{1}{B} \frac{\partial U}{\partial a} \quad (\text{单边裂纹}) \tag{2.3.4}$$

对于图 2.3.1(a) 所示的对称中心裂纹，由于对称的关系，系统所释放的能量将均等地分配到两个裂端，使每个裂端的裂纹扩展量为 Δa，裂纹两端将具有相同的能量释放率，其表达式为

$$G = \frac{1}{2B} \frac{\partial U}{\partial a} \quad (\text{对称中心裂纹}) \tag{2.3.5}$$

需要注意，如果裂纹具有两个不对称的裂端，则两裂端的能量释放率一般是不相等的。

没有裂纹时的总应变能 U_0 与裂纹长度无关，故式(2.3.4)和式(2.3.5)改为

$$G = \begin{cases} \dfrac{1}{B} \dfrac{\partial U_1}{\partial a} & (\text{单边裂纹}) \\[3mm] \dfrac{1}{2B} \dfrac{\partial U_1}{\partial a} & (\text{对称中心裂纹}) \end{cases} \tag{2.3.6}$$

从式(2.3.4)、式(2.3.5)、式(2.3.6)可以看出，要得到能量释放率 G，必须先计算出 U_1 或 U。格里菲斯计算了受到单向均匀拉伸的无限大平板，带有穿透板厚的中心裂纹问题，利用 Inglis 的无限大平板带有椭圆孔的弹性解析解，得到了因裂纹存在而附加的应变能 U_1，其表达式为

$$U_1 = \frac{\pi \sigma^2 a^2}{E} B \tag{2.3.7}$$

式中：σ 是无穷远处的均匀拉伸应力；E 为弹性模量；π 为圆周率。公式的适用范围为很薄的平板（平面应力状态），如果是厚板，其内部是平面应变状态时，E 应由 $\dfrac{E}{1-\nu^2}$ 取代，其中 ν 为泊松比。将式(2.3.7)代入式(2.3.6)中，可得格里菲斯裂纹的能量释放率为

$$G = \frac{1}{2B} \frac{\partial U_1}{\partial a} = \frac{\pi \sigma^2 a}{E} \tag{2.3.8}$$

现将式(2.3.8)代入到断裂判据——式(2.3.2)中,可到格里菲斯裂纹的断裂判据为

$$\sigma^2 a = \frac{2E\gamma}{\pi} \qquad (2.3.9)$$

在式(2.3.9)中,对于脆性材料,若测试用的试件满足一定的尺寸要求,则 γ 是一材料常数,故在刚发生断裂时,$\sigma^2 a$ 也将为一常数值。若 $\sigma^2 a$ 小于该常数值,则此时的应力水平和裂纹长度不足以产生断裂,试件是安全的;若 $\sigma^2 a$ 大于该常数值,则在此时的应力水平和裂纹长度下,试件将会发生断裂。

从式(2.3.9)中可知,已知当前格里菲斯裂纹的长度 a,则可算出发生断裂的临界应力

$$\sigma_{\mathrm{c}} = \left(\frac{2\gamma E}{\pi a}\right)^{1/2} \qquad (2.3.10)$$

同样,若已知当前的应力水平,将可知发生断裂的临界裂纹长度

$$a_{\mathrm{c}} = \frac{2E\gamma}{\pi\sigma^2} \qquad (2.3.11)$$

现将式(2.2.6)和式(2.3.10)进行比较,则有

$$\left(\frac{2\gamma E}{\pi a}\right)^{1/2} = \sqrt{\frac{E\gamma\rho}{4ab_0}} \qquad (2.3.12)$$

可得

$$\rho = 8b_0/\pi \qquad (2.3.13)$$

即当裂纹尖端曲率半径满足 $0 \leqslant \rho \leqslant 8b_0/\pi$,式(2.2.6)和式(2.3.10)近似相等,一般把满足这样尺寸的裂纹称为格里菲斯裂纹。格里菲斯断裂判据适用于完全脆性断裂的情况,即发生断裂的应力水平应远小于屈服应力,而绝大多数金属材料断裂前裂尖存在塑性区域,此时该理论不能使用,这也是格里菲斯理论长期得不到重视的原因。

2.4　能量平衡理论

2.4.1　能量平衡理论断裂判据

在格里菲斯的弹性能释放理论的基础上,Irwin 和 Orowan 从热力学的观点出发,重新考虑断裂问题,提出了能量平衡理论。按照热力学的能量守恒定律:在单位时间内,外界对于系统所做功的改变量,应等于系统储存应变能的改变量加上动能的改变量,再加上不可恢复消耗能的改变量。

假设 W 为外界对系统所做的功,U 为系统储存的应变能,T 为动能,D 为不可恢复的消耗能,则 Irwin-Orowan 能量平衡理论可用公式表示为

$$\frac{\mathrm{d}W}{\mathrm{d}t} = \frac{\mathrm{d}U}{\mathrm{d}t} + \frac{\mathrm{d}T}{\mathrm{d}t} + \frac{\mathrm{d}D}{\mathrm{d}t} \qquad (2.4.1)$$

式中:t 表示时间。假设裂纹处于准静态,即裂纹是静止的或是以稳定速度扩展,则动能不变

化,即

$$\frac{\mathrm{d}T}{\mathrm{d}t} = 0 \tag{2.4.2}$$

若所有不可恢复的消耗能都用来制造裂纹新面积,则

$$\frac{\mathrm{d}D}{\mathrm{d}t} = \frac{\mathrm{d}D}{\mathrm{d}A_\mathrm{t}} \frac{\mathrm{d}A_\mathrm{t}}{\mathrm{d}t} = \gamma_\mathrm{p} \frac{\mathrm{d}A_\mathrm{t}}{\mathrm{d}t} \tag{2.4.3}$$

式中:A_t 为裂纹总面积;γ_p 为表面能,即形成单位裂纹面积所需要的能量。若没有塑性变形,γ_p 将等于格里菲斯的表面自由能 γ,若存在塑性变形,要形成新裂纹面积需要更多的能量,因此,$\gamma_\mathrm{p} > \gamma$。

利用

$$\frac{\mathrm{d}}{\mathrm{d}t} = \frac{\mathrm{d}}{\mathrm{d}A_\mathrm{t}} \frac{\mathrm{d}A_\mathrm{t}}{\mathrm{d}t} \tag{2.4.4}$$

将式(2.4.2)和式(2.4.3)代入式(2.4.1)中,则式(2.4.1)可以写成

$$\frac{\mathrm{d}(W-U)}{\mathrm{d}A_\mathrm{t}} \frac{\mathrm{d}A_\mathrm{t}}{\mathrm{d}t} = \gamma_\mathrm{p} \frac{\mathrm{d}A_\mathrm{t}}{\mathrm{d}t} \tag{2.4.5}$$

整理式(2.4.5),得

$$\frac{\mathrm{d}(W-U)}{\mathrm{d}A_\mathrm{t}} - \gamma_\mathrm{p} = 0 \tag{2.4.6}$$

式(2.4.6)为断裂发生的临界条件,即带裂纹物体的断裂判据。

对于发生脆断的材料,在断裂发生前,裂断区塑性变形所消耗的能量通常是不计的,故有表面能即为表面自由能,则式(2.4.6)即为脆性断裂的判据,此时,格里菲斯的断裂判据式(2.3.5)和能量平衡理论的断裂判据式(2.4.6)是同一判据。

考虑无限大板在无穷远处受单向拉伸均匀荷载的作用,对于单边裂纹,通常用 a 来表示裂纹的长度,对于对称中心裂纹,则用 $2a$ 来表示裂纹的长度,考虑到裂纹有上下两个表面,则裂纹的总面积为

$$A_\mathrm{t} = \begin{cases} 2Ba & \text{(单边裂纹)} \\ 4Ba & \text{(对称中心裂纹)} \end{cases} \tag{2.4.7}$$

考虑脆断时 $\gamma = \gamma_\mathrm{p}$,根据式(2.4.7),则式(2.4.6)就变为

$$\frac{1}{B} \frac{\mathrm{d}(W-U)}{\mathrm{d}a} = 2\gamma = G_\mathrm{C} \quad \text{(单边裂纹)}$$

$$\frac{1}{2B} \frac{\mathrm{d}(W-U)}{\mathrm{d}a} = 2\gamma = G_\mathrm{C} \quad \text{(对称中心裂纹)} \tag{2.4.8}$$

这里所谓的对称中心裂纹,是指像格里菲斯裂纹一样,两个裂端是对称的,具有相同的能量释放率的裂纹。线弹性力学的原理指出,在外力拉伸下,因裂纹扩展而引起的功的变化量 $\mathrm{d}W$,将等于两倍的总应变能的变量 $\mathrm{d}U$,而此时 U 包括没有裂纹时的 U_0 和因裂纹存在而附加

的 U_1 两部分,故有式(2.4.8)等号左边将变成式(2.3.4)和式(2.3.5)的右边项,即在给定外力拉伸下,能量释放率为

$$G = \begin{cases} \dfrac{1}{B} \dfrac{\mathrm{d}(W-U)}{\mathrm{d}a} & \text{(单边裂纹)} \\[3mm] \dfrac{1}{2B} \dfrac{\mathrm{d}(W-U)}{\mathrm{d}a} & \text{(对称中心裂纹)} \end{cases} \qquad (2.4.9)$$

即使是在给定位移下,式(2.4.9)同样成立。将式(2.4.9)代入式(2.4.8),则有

$$G = G_\mathrm{c} \qquad (2.4.10)$$

对比公式(2.4.10)和公式(2.3.3),说明了能量平衡理论得到的断裂判据和格里菲斯的断裂判据相同,它们在线弹性范围内是统一的。

在脆性断裂的情况下,若式(2.4.10)左边项的能量释放率已大于 2γ,此时裂纹扩展是继续下去,直到整体破坏? 或是裂纹扩展一个阶段后,会自动止裂? 换句话说,如何判断裂纹是否已发生失稳扩展? 当所释放的能量与形成裂纹面积所需能量的差值随着裂纹增长而越来越大,则已发生了失稳扩展;当所释放的能量与形成裂纹面积所需能量的差值随着裂纹增长而越来越小,以致最后差值趋近于零,则最终会止裂。用数学表达式表达为

$$\begin{cases} \dfrac{\mathrm{d}(G-G_\mathrm{c})}{\mathrm{d}a} > 0 & \text{(失稳扩展)} \\[3mm] \dfrac{\mathrm{d}(G-G_\mathrm{c})}{\mathrm{d}a} < 0 & \text{(可以止裂)} \end{cases} \qquad (2.4.11)$$

若材料临界能量释放率 G_c 是材料常数,与裂纹的长度无关,则式(2.4.11)变为

$$\begin{cases} \dfrac{\mathrm{d}G}{\mathrm{d}a} > 0 & \text{(失稳扩展)} \\[3mm] \dfrac{\mathrm{d}G}{\mathrm{d}a} < 0 & \text{(可以止裂)} \end{cases} \qquad (2.4.12)$$

将式(2.4.9)代入式(2.4.12),则式(2.4.12)变为

$$\begin{cases} \dfrac{\mathrm{d}^2(W-U)}{\mathrm{d}a^2} > 0 & \text{(失稳扩展)} \\[3mm] \dfrac{\mathrm{d}^2(W-U)}{\mathrm{d}a^2} < 0 & \text{(可以止裂)} \end{cases} \qquad (2.4.13)$$

应用式(2.4.11)、式(2.4.12)、式(2.4.13)就可以判断有裂纹的构件是否发生失稳扩展。

2.4.2 能量释放率的计算

从式(2.4.12)可以看出,只要有了能量释放率 G,就可以进行失稳扩展计算,下面分别介绍在恒位移和恒荷载两种加载情况下能量释放率的计算。

1. 能量释放率 G 在恒位移时的表达式

以单边裂纹为例,长矩形板如图 2.4.1 所示,一边固定,另一边强迫作位移 Δ_c 后固定。图

2.4.2 给出了力-位移关系图即 P-Δ 曲线。裂纹扩展过程中,由于施力点固定,无位移变化,故外力不做功,于是公式(2.4.9)就变为

$$G_{\mathrm{I}} = -\frac{1}{B}\left(\frac{\partial U}{\partial a}\right)_{\Delta} \tag{2.4.14}$$

式中:下标 Δ 表示施力点位移固定的情况。故式(2.4.14)即所谓的恒位移情况下,能量释放率的表达式。

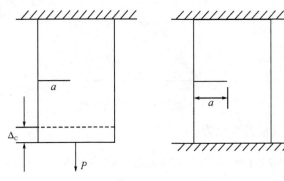

图 2.4.1　　　　　　　　　　图 2.4.2　P-Δ 曲线

在线弹性下,弹性体的应变能为

$$U = \frac{1}{2}P\Delta \tag{2.4.15}$$

而

$$\Delta = PC \tag{2.4.16}$$

式中:C 为弹性体的柔度,是裂纹长度 a 的函数,即 $C=C(a)$。对式(2.4.16)微分,并注意到 $\mathrm{d}\Delta=0$,有

$$\mathrm{d}\Delta = P\mathrm{d}C + C\mathrm{d}P = 0 \tag{2.4.17}$$

整理式(2.4.17)得

$$\mathrm{d}P = -\frac{P}{C}\mathrm{d}C \tag{2.4.18}$$

现对式(2.4.15)微分

$$\mathrm{d}U = \frac{1}{2}P\mathrm{d}\Delta + \frac{1}{2}\Delta\mathrm{d}P \tag{2.4.19}$$

同时,将式(2.4.16)、式(2.4.17)和式(2.4.18)代入式(2.4.19)中,得到

$$\mathrm{d}U = \frac{1}{2}P\mathrm{d}\Delta + \frac{1}{2}\Delta\mathrm{d}P = \frac{1}{2}PC\mathrm{d}P = -\frac{1}{2}P^2\mathrm{d}C \tag{2.4.20}$$

将式(2.4.20)代入式(2.4.14)中,整理得

$$G_{\mathrm{I}} = -\frac{1}{B}\left(\frac{\partial U}{\partial a}\right)_{\Delta} = \frac{P^2}{2B}\left(\frac{\partial C}{\partial a}\right)_{\Delta} \tag{2.4.21}$$

2. 能量释放率 G 在恒荷载下的表达式

以单边裂纹为例,一块很长的矩形板,如图 2.4.3 所示,板厚为 B,板上边固定,下边某点

有拉力。图 2.4.4 给出了力-位移关系图,即 P-Δ 曲线。设给定的荷载为一不变的拉力 P,裂纹长度若有增加,则加载点的位移变化为 dΔ,荷载不变 dP＝0。

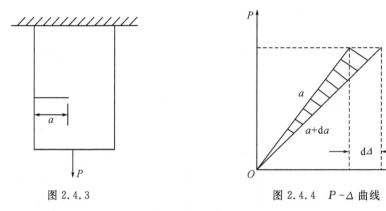

图 2.4.3　　　　　　　　　　　　图 2.4.4　P-Δ 曲线

利用式(2.4.17)和式(2.4.19),则应变能的变化为

$$dU = \frac{1}{2}Pd\Delta + \frac{1}{2}\Delta dP = \frac{1}{2}Pd\Delta = \frac{1}{2}P(PdC + CdP) = \frac{1}{2}P^2dC \qquad (2.4.22)$$

外力做功的改变为

$$dW = Pd\Delta = P(PdC + CdP) = P^2dC = 2dU \qquad (2.4.23)$$

将式(2.4.22)和式(2.4.23)代入式(2.4.9)中

$$G = \frac{1}{B}\frac{\partial(W-U)}{\partial a} = \frac{1}{B}\frac{\partial U}{\partial a} = \frac{P^2}{2B}\left(\frac{\partial C}{\partial a}\right)_P \qquad (2.4.24)$$

式中:下标 P 表示恒荷载。现比较式(2.4.21)和式(2.4.24),发现在恒荷载和恒位移情况下,G 有统一的表达式,它反映了裂纹扩展的能量释放率与弹性体的柔度 C 之间的关系。在推导上面两式的过程中,应用了胡克定律,胡克定律保证了拉力与位移的正比关系,如果胡克定律不再成立时,上面两式的结果就不正确。对较短裂纹或(和)较小载荷,线性关系一般是适用的,但当裂纹变长同时载荷也较大,裂端塑性区已大到不可忽略时,则线性关系不再成立,上面两式也不能再使用。

习题

2.1　裂纹对材料强度产生了哪些影响?

2.2　什么叫裂纹扩展能量释放率?

2.3　何谓格里菲斯裂纹?何谓格里菲斯理论?

2.4　表面自由能和表面能有何异同?

2.5　什么叫裂纹扩展阻力?

2.6　G 和 G_c 有什么不同?

2.7　何谓恒位移情况?何谓恒荷载情况?在这两种情况下求解能量释放率有何异同?

第3章 裂纹尖端区域的应力场及应力强度因子

断裂力学是在弹性力学和塑性力学所获得的应力场、应变场及位移场的基础上,研究含裂纹材料的破坏行为,所以不论在线性断裂力学还是弹塑性断裂力学中,裂纹体中的关键区域是裂纹尖端。本章重点介绍用 Westergaard 应力函数法来研究裂纹尖端区域的应力场、应变场及位移场,并引入了应力强度因子这样一个新的物理量来度量裂纹尖端应力场和应变场的强弱,在此基础上,介绍应力强度因子断裂判据以及确定应力强度因子的柔度法,最后介绍平面应变断裂韧度测试的过程。

3.1 裂纹的类型和基本概念

实际构件中存在的缺陷是多种多样的,除了裂纹,还可能是冶炼中产生的气孔,加工过程中引起的刀痕、刻槽,焊接中的气泡、未焊透等。在断裂力学中,常把这些缺陷都统一简称为裂纹。

1. 按裂纹的几何特征分类

按裂纹的几何特征可将其分为穿透裂纹、表面裂纹、深埋裂纹三类。

(1)穿透裂纹:贯穿构件厚度的裂纹称为穿透裂纹,如图 3.1.1(a)所示。通常把延伸到构件厚度一半以上的裂纹都视为穿透裂纹,常作为理想尖裂纹处理,即裂纹尖端的曲率半径趋近于零,穿透裂纹可以是直线的、曲线的或其他形状的。

(2)表面裂纹:裂纹位于构件表面,或裂纹深度相对于构件厚度比较小也作为表面裂纹处理,表面裂纹常简化为半椭圆片状裂纹,如图 3.1.1(b)所示。

(3)深埋裂纹:裂纹位于构件内部,常简化为椭圆片状裂纹或圆片状裂纹,如图 3.1.1(c)所示。

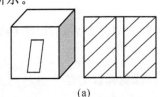 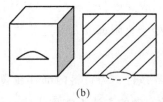 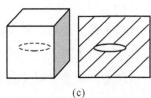

    (a)   (b)   (c)

图 3.1.1 按裂纹的几何类型分类

(a)穿透裂纹;(b)表面裂纹;(c)深埋裂纹

2. 按裂纹的受载和变形分类

按裂纹体的受载和变形情况可以分为张开型裂纹、滑开型裂纹和撕开型裂纹。

(1)张开型(或称拉伸型)裂纹:外加正应力垂直于裂纹面,在正应力 σ 作用下裂纹尖端张开,扩展方向和正应力方向垂直,这种张开型裂纹通常简称 I 型裂纹,如图 3.1.2(a)所示。

(2)滑开型(或称剪切型)裂纹:剪切应力 τ 平行于裂纹面,裂纹滑开扩展,通常称为 II 型裂纹。如轮齿或花键根部沿切线方向的裂纹引起的断裂,或者一个受扭转的薄壁圆筒上的环形裂纹都属于这种情形,如图 3.1.2(b)所示。

(3)撕开型裂纹:在切应力 τ 作用下,一个裂纹面在另一裂纹面上滑动脱开,裂纹前缘平行于滑动方向,如同撕布一样,故称为撕开型裂纹,也简称 III 型裂纹。如图 3.1.2(c)所示。

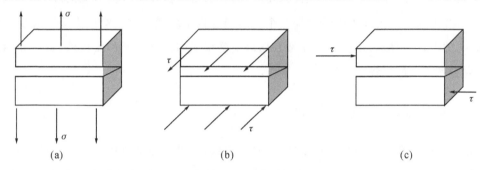

图 3.1.2　按裂纹体的受载和变形情况分类

(a)张开型裂纹;(b)滑开型裂纹;(c)撕开型裂纹

在裂纹尖端的应力场中,有时会同时存在着造成 I 型和 II 型、甚至 III 型裂纹的应力,这种裂纹称为复合型裂纹,通常可采用叠加原理得到复合型裂纹的位移。实际工程构件中裂纹形式大多属于 I 型裂纹,也是最危险的一种裂纹形式,最容易引起低应力脆断,所以在本书中重点讨论 I 型裂纹。在进行裂纹体的断裂分析和建立断裂判据时,与裂纹的类型有很大的关系,因此正确判断出裂纹体的受力特点和变形特点是非常有必要的。

3.2　裂纹尖端区域的应力场和位移场

以裂纹尖端为坐标原点建立极坐标系,将 r 趋向于无穷大的应力场、应变场和位移场称为远场,将 r 趋向于原点处的应力场、应变场和位移场称为近场。

远场条件主要是指裂纹体中处于有限远或无限远处的外边界处的应力边界条件、位移边界条件或混合边界条件。

近场条件主要指裂纹面的边界条件。当材料内部存在裂纹时,传统弹性力学中材料的连续性假设被打破,这似乎使得弹性力学的方法不能用于裂纹体问题的分析,但是,如果我们将裂纹面也视为材料的一种边界且建立裂纹面的边界条件,则仍然可以将弹性力学的方法用于裂纹体的分析之中。

经典断裂力学在外载荷的剪应力分量很小的假设条件下,认为裂纹面的摩擦作用可以忽略,从而以裂纹面张开或裂纹面无摩擦接触来构造裂纹面的边界条件,此时裂纹面张开的边界条件

$$\sigma_\theta \mid_{\theta=\pm\pi} = \tau_{r\theta} \mid_{\theta=\pm\pi} = 0 \tag{3.2.1}$$

只满足近场条件的解称为局部解,同时满足远场条件与近场条件的解称为全场解。

3.2.1　I 型裂纹

1. Westergaard 应力函数

对有裂纹的弹性力学二维问题,用复变应力函数求解较为方便。由弹性力学知道,只要所求二维问题的应力函数满足边界条件的双调和方程即可。对于 I 型裂纹,Westergaard 选取了某一解析函数的一次和二次积分的线性组合作为应力函数来确定裂纹尖端区域的应力场和位移场。

现有一无限大板,具有长为 $2a$ 的中心穿透裂纹,在无限远处受双向拉应力 σ 的作用,如图 3.2.1 所示。

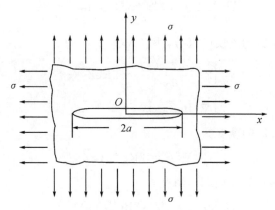

图 3.2.1　带穿透裂纹的无限大板受无限远处的双向拉应力

Westergaard 应力函数的形式为

$$\varphi = \mathrm{Re}\bar{\bar{Z}}_\mathrm{I}(z) + y\mathrm{Im}\bar{\bar{Z}}_\mathrm{I}(z) \tag{3.2.2}$$

式中:$\bar{Z}_\mathrm{I}(z)$ 和 $\bar{\bar{Z}}_\mathrm{I}(z)$ 分别为解析函数 $Z_\mathrm{I}(z)$ 的一次积分和二次积分,$z=x+\mathrm{iy}$。

首先证明:φ 为应力函数,即满足双调和方程 $\nabla^4\varphi=0$。

$$\nabla^4\varphi = (\frac{\partial}{\partial x^2} + \frac{\partial}{\partial y^2}) \times (\frac{\partial}{\partial x^2} + \frac{\partial}{\partial y^2})\varphi \tag{3.2.3}$$

因为

$$\nabla^2\varphi = \nabla^2\mathrm{Re}\bar{\bar{Z}}_\mathrm{I}(z) + \nabla^2(y\mathrm{Im}\bar{Z}_\mathrm{I}(z)) \tag{3.2.4}$$

$Z_\mathrm{I}(z)$ 为解析函数,根据解析函数的性质:

(1)解析函数的导数和积分仍为解析函数;

(2)解析函数的实部和虚部均满足调和方程。

则有

$$\nabla^2 \mathrm{Re}\overline{Z}_{\mathrm{I}}(z) = 0 \tag{3.2.5}$$

将式(3.2.5)代入到式(3.2.4)中则有

$$\nabla^2 \varphi = \nabla^2 (y\mathrm{Im}\overline{Z}_{\mathrm{I}}(z)) = \frac{\partial^2}{\partial x^2}(y\mathrm{Im}\overline{Z}_{\mathrm{I}}(z)) + \frac{\partial^2}{\partial y^2}(y\mathrm{Im}\overline{Z}_{\mathrm{I}}(z))$$

$$= y\frac{\partial^2 \mathrm{Im}\overline{Z}_{\mathrm{I}}(z)}{\partial x^2} + \frac{\partial}{\partial y}(y\frac{\partial}{\partial y}\mathrm{Im}\overline{Z}_{\mathrm{I}}(z) + \mathrm{Im}\overline{Z}_{\mathrm{I}}(z))$$

$$= y\frac{\partial^2 \mathrm{Im}\overline{Z}_{\mathrm{I}}(z)}{\partial x^2} + \frac{\partial}{\partial y}\mathrm{Im}\overline{Z}_{\mathrm{I}}(z) + y\frac{\partial^2 \mathrm{Im}\overline{Z}_{\mathrm{I}}(z)}{\partial y^2} + \frac{\partial}{\partial y}\mathrm{Im}\overline{Z}_{\mathrm{I}}(z)$$

$$= y\nabla^2 \mathrm{Im}\overline{Z}_{\mathrm{I}}(z) + 2\frac{\partial \mathrm{Im}\overline{Z}_{\mathrm{I}}(z)}{\partial y} \tag{3.2.6}$$

根据柯西-黎曼条件,对于解析函数有如下性质

$$\left.\begin{aligned}\frac{\partial \mathrm{Re}Z(z)}{\partial x} &= \frac{\partial \mathrm{Im}Z(z)}{\partial y} = \mathrm{Re}\frac{\partial Z(z)}{\partial z}\\[2mm]\frac{\partial \mathrm{Im}Z(z)}{\partial x} &= -\frac{\partial \mathrm{Re}Z(z)}{\partial y} = \mathrm{Im}\frac{\partial Z(z)}{\partial z}\end{aligned}\right\} \tag{3.2.7}$$

由式(3.2.7)以及解析函数的性质(1)(2),所以式(3.2.6)中

$$\begin{cases}2\dfrac{\partial \mathrm{Im}\overline{Z}_{\mathrm{I}}(z)}{\partial y} = 2\mathrm{Re}Z_{\mathrm{I}}(z)\\[3mm]\nabla^2 \mathrm{Im}\overline{Z}_{\mathrm{I}}(z) = 0\end{cases} \tag{3.2.8}$$

根据式(3.2.8),则式(3.2.6)就变为

$$\nabla^2 \varphi = 2\mathrm{Re}Z_{\mathrm{I}}(z) \tag{3.2.9}$$

利用式(3.2.9)和解析函数的性质(2),则有

$$\nabla^2\nabla^2 \varphi = \nabla^2(2\mathrm{Re}Z_{\mathrm{I}}(z)) = 0 \tag{3.2.10}$$

式(3.2.10)说明函数 φ 是满足双调和方程的,因此是此平面问题的应力函数。

由弹性力学的知识,则应力分量和应力函数要满足如下关系

$$\sigma_x = \frac{\partial^2 \varphi}{\partial y^2}, \quad \sigma_y = \frac{\partial^2 \varphi}{\partial x^2}, \quad \tau_{xy} = -\frac{\partial^2 \varphi}{\partial x\partial y} \tag{3.2.11}$$

将式(3.2.2)代入式(3.2.11)中有

$$\left.\begin{aligned}\sigma_x &= \mathrm{Re}Z_{\mathrm{I}}(z) - y\mathrm{Im}Z'_{\mathrm{I}}(z)\\\sigma_y &= \mathrm{Re}Z_{\mathrm{I}}(z) + y\mathrm{Im}Z'_{\mathrm{I}}(z)\\\tau_{xy} &= -y\mathrm{Re}Z'_{\mathrm{I}}(z)\end{aligned}\right\} \tag{3.2.12}$$

$$\sigma_z = 0 \qquad\qquad （平面应力）$$

$$\sigma_z = \nu(\sigma_x + \sigma_y) = 2\nu\mathrm{Re}Z_{\mathrm{I}}(z) \quad （平面应变）$$

式中: ν 为泊松比。利用物理方程和几何方程,可以得到在平面状态下 x 方向位移 u 和 y 方向

位移 v。在平面应力状态下：

$$u = \frac{1}{E}\big[(1-\nu)\mathrm{Re}\overline{Z}_{\mathrm{I}}(z) - (1+\nu)y\mathrm{Im}Z_{\mathrm{I}}(z)\big]$$

$$v = \frac{1}{E}\big[2\mathrm{Im}\overline{Z}_{\mathrm{I}}(z) + (1+\nu)y\mathrm{Re}Z_{\mathrm{I}}(z)\big]$$

$$(3.2.13\mathrm{a})$$

在平面应变状态下：

$$u = \frac{1+\nu}{E}\big[(1-2\nu)\mathrm{Re}\overline{Z}_{\mathrm{I}}(z) - y\mathrm{Im}Z_{\mathrm{I}}(z)\big]$$

$$v = \frac{1+\nu}{E}\big[2(1-\nu)\mathrm{Im}\overline{Z}_{\mathrm{I}}(z) - y\mathrm{Re}Z_{\mathrm{I}}(z)\big]$$

$$(3.2.13\mathrm{b})$$

从式(3.2.12)应力计算公式和式(3.2.13)位移计算公式可以看出,只要找到满足边界条件的复变函数 $Z_{\mathrm{I}}(z)$ 就可以了,所以 $Z_{\mathrm{I}}(z)$ 的实质就是应力函数,称为复变应力函数,然后利用式(3.2.12)和式(3.2.13)即可以得到对于 I 型裂纹问题的应力场和位移场。

2. 复变函数 $Z_{\mathrm{I}}(z)$ 的确定

图 3.2.1 所示的双向拉伸的 I 型裂纹的边界条件为：

(1)在裂纹面上,即 $y=0$, $|x|<a$ 时, $\sigma_y=\tau_{xy}=0$;

(2)在无穷远处,即 $|z|\to\infty$ 时, $\sigma_x=\sigma_y=\sigma$, $\tau_{xy}=0$。

故选取 I 型裂纹的复变函数 $Z_{\mathrm{I}}(z)$ 为

$$Z_{\mathrm{I}}(z) = \frac{\sigma z}{\sqrt{z^2-a^2}} \tag{3.2.14}$$

下面我们证明式(3.2.14)满足边界条件(1)和(2)。

在 $y=0$ 时, $z=x+\mathrm{i}y=x$, 当考虑 $|x|<a$, 此时式(3.2.14)变为

$$Z_{\mathrm{I}}(z) = \frac{\sigma x}{\sqrt{x^2-a^2}} = \frac{\sigma x}{\sqrt{-(a^2-x^2)}} = -\mathrm{i}\,\frac{\sigma x}{\sqrt{(a^2-x^2)}} \tag{3.2.15}$$

很明显,在上式中 $\mathrm{Re}Z_{\mathrm{I}}(z)=0$, 考虑 $y=0$ 代入式(3.2.12)中,则有 $\sigma_y=0$, $\tau_{xy}=0$, 所以式(3.2.14)的函数满足裂纹表面条件(1)。

在无穷远处, $|z|\to\infty$ 时,有

$$\lim_{|z|\to\infty} Z_{\mathrm{I}}(z) = \lim_{|z|\to\infty}\frac{\sigma z}{\sqrt{z^2-a^2}} = \lim_{|z|\to\infty}\frac{\sigma}{\sqrt{1-(\frac{a}{z})^2}} = \sigma \tag{3.2.16}$$

在式(3.2.16)中, $\mathrm{Re}Z_{\mathrm{I}}(z)=\sigma$, $\mathrm{Im}Z_{\mathrm{I}}(z)=0$, 代入式(3.2.12)中,则有 $\sigma_x=\sigma$, $\sigma_y=\sigma$, $\tau_{xy}=0$, 所以式(3.2.14)的函数满足裂纹边界条件(2)。因此由式(3.2.14)和应力表达式(3.2.12)、位移表达式(3.2.13)所得到的解是精确解。

3. 裂纹尖端处的应力场和位移场

现在考虑裂纹端点处的应力场和位移场,图 3.2.1 是一个对称的中心裂纹,所以只需要考

虑一个裂纹端点。

为了方便,现将坐标原点换在裂纹右侧尖端,采用新的坐标系 xO_1y_1,(r,θ)是以 O_1 为坐标原点的极坐标,如图 3.2.2 所示。

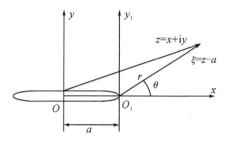

图 3.2.2　裂纹的坐标变换

采用新坐标 ξ,则

$$\xi = z - a = (x - a) + \mathrm{i}y \tag{3.2.17}$$

则式(3.2.14)可改写为

$$Z_{\mathrm{I}}(\xi) = \frac{\sigma(\xi + a)}{\sqrt{(\xi + a)^2 - a^2}} = \frac{\sigma(\xi + a)}{\sqrt{(\xi + 2a)\xi}} = \frac{f(\xi)}{\sqrt{\xi}} \tag{3.2.18}$$

式中:$f(\xi) = \dfrac{\sigma(\xi + a)}{\sqrt{\xi + 2a}}$。在裂纹右尖端附近,当 $|\xi| \to 0$ 时,$f(\xi)$ 有极限值,并等于一实常数,即

$$\lim_{|\xi| \to 0} f(\xi) = \lim_{|\xi| \to 0} \frac{\sigma(\xi + a)}{\sqrt{\xi + 2a}} = \frac{\sigma a}{\sqrt{2a}} = \frac{\sigma \sqrt{a}}{\sqrt{2}} \tag{3.2.19}$$

由式(3.2.18),令 $\lim\limits_{|\xi| \to 0} f(\xi) = \lim\limits_{|\xi| \to 0} \sqrt{\xi} Z_{\mathrm{I}}(\xi) = \dfrac{K_{\mathrm{I}}}{\sqrt{2\pi}}$,则在裂纹尖端附近,$|\xi|$ 在很小的范围内,有

$$K_{\mathrm{I}} = \lim_{|\xi| \to 0} \sqrt{2\pi\xi} Z_{\mathrm{I}}(\xi) = \lim_{|\xi| \to 0} \sqrt{2\pi\xi} \cdot \frac{\sigma(\xi + a)}{\sqrt{(\xi + 2a)\xi}} = \sigma \sqrt{\pi a} \tag{3.2.20}$$

$K_{\mathrm{I}} = \lim\limits_{|\xi| \to 0} \sqrt{2\pi\xi} Z_{\mathrm{I}}(\xi)$ 是在裂纹尖端处,即 $|\xi| \to 0$ 时存在的极限,若只考虑裂纹尖端附近的一个微小区域,则近似地成立以下关系

$$K_{\mathrm{I}} = \sqrt{2\pi\xi} Z_{\mathrm{I}}(\xi) \tag{3.2.21}$$

即

$$Z_{\mathrm{I}}(\xi) = \frac{K_{\mathrm{I}}}{\sqrt{2\pi\xi}} \tag{3.2.22}$$

现在以极坐标表示复变函数 ξ

$$\xi = r\mathrm{e}^{\mathrm{i}\theta} = r(\cos\theta + \mathrm{i}\sin\theta) \tag{3.2.23}$$

将式(3.2.23)代入式(3.2.22)中,并整理得到

$$Z_{\mathrm{I}}(\xi) = \frac{K_{\mathrm{I}}}{\sqrt{2\pi\xi}} = \frac{K_{\mathrm{I}}}{\sqrt{2\pi r}}\left(\cos\frac{\theta}{2} - \mathrm{i}\sin\frac{\theta}{2}\right) \tag{3.2.24}$$

而

$$Z'_{\rm I}(\xi) = -\frac{K_{\rm I}}{2\sqrt{2\pi}} \cdot \frac{1}{r^{\frac{3}{2}}}\left(\cos\frac{3\theta}{2} - {\rm i}\sin\frac{3\theta}{2}\right) \tag{3.2.25}$$

将式(3.2.24)和式(3.2.25)代入到裂纹尖端的应力分量公式(3.2.12)和位移分量公式 (3.2.13)中,并考虑 $y=r\sin\theta$,便得到裂纹尖端附近应力场和位移场的表达式为

$$\left.\begin{aligned}
&\sigma_x(r,\theta) = \frac{K_{\rm I}}{\sqrt{2\pi r}}\cos\frac{\theta}{2}\left(1 - \sin\frac{\theta}{2}\sin\frac{3\theta}{2}\right)\\[2mm]
&\sigma_y(r,\theta) = \frac{K_{\rm I}}{\sqrt{2\pi r}}\cos\frac{\theta}{2}\left(1 + \sin\frac{\theta}{2}\sin\frac{3\theta}{2}\right)\\[2mm]
&\tau_{xy}(r,\theta) = \frac{K_{\rm I}}{\sqrt{2\pi r}}\cos\frac{\theta}{2}\sin\frac{\theta}{2}\cos\frac{3\theta}{2}\\[2mm]
&\tau_{xz}(r,\theta) = \tau_{yz}(r,\theta) = 0\\[2mm]
&\sigma_z(r,\theta) = \nu[(\sigma_x(r,\theta) + \sigma_y(r,\theta)] \quad \text{(平面应变)}\\[2mm]
&\sigma_z(r,\theta) = 0 \qquad\qquad\qquad \text{(平面应力)}
\end{aligned}\right\} \tag{3.2.26}$$

$$\left.\begin{aligned}
&u(r,\theta) = \frac{K_{\rm I}}{4\mu}\sqrt{\frac{r}{2\pi}}\left[(2\kappa-1)\cos\frac{\theta}{2} - \cos\frac{3\theta}{2}\right]\\[2mm]
&v(r,\theta) = \frac{K_{\rm I}}{4\mu}\sqrt{\frac{r}{2\pi}}\left[(2\kappa+1)\sin\frac{\theta}{2} - \sin\frac{3\theta}{2}\right]\\[2mm]
&w(r,\theta) = 0 \qquad\qquad\qquad \text{(平面应变)}\\[2mm]
&w(r,\theta) = -\int\frac{\nu}{E}(\sigma_x + \sigma_y){\rm d}z \quad \text{(平面应力)}
\end{aligned}\right\} \tag{3.2.27}$$

在式(3.2.26)和式(3.2.27)中,r、θ 为裂纹尖端附近点的极坐标;u、v、w 为位移分量,σ_x、σ_y、σ_z、τ_{xy}、τ_{xz}、τ_{yz} 为应力分量;μ 为剪切弹性模量;ν 为泊松比;κ 为

$$\kappa = \begin{cases} 3-4\nu & \text{(平面应变)}\\[2mm] \dfrac{3-\nu}{1+\nu} & \text{(平面应力)} \end{cases} \tag{3.2.28}$$

各式中的共有系数 $K_{\rm I}$ 称为 I 型裂纹尖端的应力强度因子,简称为应力强度因子,它是表征裂纹尖端附近应力场强度的物理量,可作为判断裂纹是否将进入失稳状态的一个指标。因此,求裂纹体的应力强度因子是线弹性断裂力学中很重要的一项工作。

3.2.2　II 型裂纹

现有一无限大板,具有长为 $2a$ 的中心穿透裂纹,在无穷远处受切应力 τ 作用,如图 3.2.3 所示,这样的问题就属于 II 型裂纹问题。其求解方法与 I 型基本相同,主要差别是无穷远处边界上受力条件不同,选取应力函数不同。

1. Westergaard 应力函数

选取 Westergaard 应力函数为

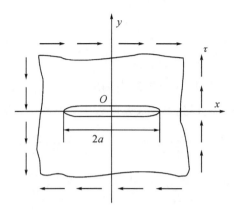

图 3.2.3　带穿透裂纹的无限大板受无穷远处切应力

$$\varphi = - y \mathrm{Re} \overline{Z}_{\mathrm{II}}(z) \tag{3.2.29}$$

可以证明式(3.2.29)满足相容方程式(3.2.3)。则代入到公式(3.2.11),得到应力场各应力分量的表达式为

$$\begin{aligned}
\sigma_x &= 2\mathrm{Im}Z_{\mathrm{II}}(z) + y\mathrm{Re}Z'_{\mathrm{II}}(z) \\
\sigma_y &= - y\mathrm{Re}Z'_{\mathrm{II}}(z) \\
\tau_{xy} &= \mathrm{Re}Z_{\mathrm{II}}(z) - y\mathrm{Im}Z'_{\mathrm{II}}(z)
\end{aligned} \tag{3.2.30}$$

利用物理方程和几何方程,可以得到在平面应变状态下的位移的表达式

$$\begin{aligned}
u &= \frac{1+\nu}{E}\left[2(1-\nu)\mathrm{Im}\overline{Z}_{\mathrm{II}}(z) + y\mathrm{Re}\overline{Z}_{\mathrm{II}}(z)\right] \\
v &= \frac{1+\nu}{E}\left[-(1-2\nu)\mathrm{Re}\overline{Z}_{\mathrm{II}}(z) - y\mathrm{Im}Z_{\mathrm{II}}(z)\right]
\end{aligned} \tag{3.2.31}$$

2. Ⅱ 型裂纹复变函数 $Z_{\mathrm{II}}(z)$ 的确定

图 3.2.3 所示的在无穷远处受切应力 τ 作用的 Ⅱ 型裂纹的边界条件为:

(1)在裂纹面上,即 $y=0$, $|x|<a$ 时, $\sigma_y = \tau_{xy} = 0$;在 $y=0$, $|x|>a$ 时, $\tau_{xy} = \tau$。

(2)在无穷远处,即 $|z| \to \infty$ 时, $\sigma_z = \sigma_y = 0$, $\tau_{xy} = \tau$。

现选取 Ⅱ 型裂纹的 $Z_{\mathrm{II}}(z)$ 函数

$$Z_{\mathrm{II}}(z) = \frac{\tau z}{\sqrt{z^2 - a^2}} \tag{3.2.32}$$

下面我们证明(3.2.32)满足边界条件(1)和(2)。

在 $y=0$ 时, $z = x + \mathrm{i}y = x$,当考虑 $|x|<a$,此时式(3.2.32)变为

$$Z_{\mathrm{II}}(z) = \frac{\tau z}{\sqrt{z^2 - a^2}} = \frac{\tau x}{\sqrt{(x^2 - a^2)}} = \frac{\tau x}{\sqrt{-(a^2 - x^2)}} = -\mathrm{i}\frac{\tau x}{\sqrt{(a^2 - x^2)}} \tag{3.2.33}$$

则有 $Z_{\mathrm{II}}(z)$ 为虚数,即 $\mathrm{Re}Z_{\mathrm{II}}(z) = 0$,将 $y=0$ 代入式(3.2.30)中,故有 $\sigma_y = \tau_{xy} = 0$,所以式(3.2.32)的函数满足裂纹表面条件(1)。

对于无穷远处，$|z| \rightarrow \infty$，此时有

$$\lim_{|z| \rightarrow \infty} Z_{\mathrm{II}}(z) = \lim_{|z| \rightarrow \infty} \frac{\tau z}{\sqrt{z^2 - a^2}} = \tau$$

$$\lim_{|z| \rightarrow \infty} Z'_{\mathrm{II}}(z) = \lim_{|z| \rightarrow \infty} \frac{-\tau a^2}{(z^2 - a^2)^{3/2}} = 0 \tag{3.2.34}$$

所以有 $\mathrm{Re} Z_{\mathrm{II}}(z) = \tau$，$\mathrm{Im} Z_{\mathrm{II}}(z) = 0$，$\mathrm{Re} Z'_{\mathrm{II}}(z) = 0$，$\mathrm{Im} Z'_{\mathrm{II}}(z) = 0$，代入式(3.2.30)中，故有 $\tau_{xy} = \tau$，$\sigma_x = 0$，$\sigma_y = 0$，所以式(3.2.32)的函数满足裂纹表面条件(2)。

因此由式(3.2.32)和应力表达式(3.2.30)、位移表达式(3.2.31)所得到的解是精确解。

3. 裂纹尖端处的应力场和位移场

现在考虑裂纹端点处的应力场和位移场。图 3.2.3 是一个对称的中心裂纹，所以，只需要考虑一个裂纹端点即可。与 Ⅰ 型裂纹类似，现将坐标原点换在裂纹右侧尖端，采用新的坐标系 xO_1y_1，采用新坐标 ξ，则

$$\xi = z - a = (x - a) + \mathrm{i}y \tag{3.2.35}$$

则式(3.2.32)可改写为

$$Z_{\mathrm{II}}(\xi) = \frac{\tau(\xi + a)}{\sqrt{(\xi + 2a)\xi}} = \frac{f(\xi)}{\sqrt{\xi}} \tag{3.2.36}$$

式中

$$f(\xi) = \frac{\tau(\xi + a)}{\sqrt{\xi + 2a}}$$

在裂纹尖端附近，当 $|\xi| = 0$ 时，$f(\xi)$ 有极限值，并等于一实常数，即

$$\lim_{|\xi| \rightarrow 0} f(\xi) = \frac{\tau a}{\sqrt{2a}} = \frac{\tau \sqrt{a}}{\sqrt{2}} \tag{3.2.37}$$

根据式(3.2.36)，现在令

$$\lim_{|\xi| \rightarrow 0} f(\xi) = \lim_{|\xi| \rightarrow 0} \sqrt{\xi} Z_{\mathrm{II}}(\xi) = \frac{K_{\mathrm{II}}}{\sqrt{2\pi}} \tag{3.2.38}$$

则在裂纹尖端附近，$|\xi|$ 在很小的范围内，K_{II} 为

$$K_{\mathrm{II}} = \lim_{|\xi| \rightarrow 0} \sqrt{2\pi \xi} Z_{\mathrm{II}}(\xi) = \lim_{|\xi| \rightarrow 0} \sqrt{2\pi \xi} \frac{\tau(\xi + a)}{\sqrt{(\xi + 2a)\xi}} = \tau \sqrt{\pi a} \tag{3.2.39}$$

$K_{\mathrm{II}} = \lim\limits_{|\xi| \rightarrow 0} \sqrt{2\pi \xi} Z_{\mathrm{II}}(\xi)$ 是在裂纹尖端处，即 $|\xi| \rightarrow 0$ 时存在的极限，若只考虑裂纹尖端附近的一个微小区域，则近似地成立以下关系

$$K_{\mathrm{II}} = \sqrt{2\pi \xi} Z_{\mathrm{II}}(\xi) \tag{3.2.40}$$

K_{II} 为 Ⅱ 型裂纹尖端的应力强度因子，则应力函数可以表示为

$$Z_{\mathrm{II}}(\xi) = \frac{K_{\mathrm{II}}}{\sqrt{2\pi \xi}} \tag{3.2.41}$$

现在以极坐标表示复变函数 ξ

$$\xi = r\mathrm{e}^{\mathrm{i}\theta} = r(\cos\theta + \mathrm{i}\sin\theta) \tag{3.2.42}$$

将式(3.2.42)代入式(3.2.41)中,并整理得到

$$Z_{\mathrm{II}}(\xi) = \frac{K_{\mathrm{II}}}{\sqrt{2\pi r}}(\cos\frac{\theta}{2} - \mathrm{i}\sin\frac{\theta}{2}) \tag{3.2.43}$$

而

$$Z'_{\mathrm{II}}(\xi) = -\frac{K_{\mathrm{II}}}{2\sqrt{2\pi}}\frac{1}{r^{3/2}}(\cos\frac{3\theta}{2} - \mathrm{i}\sin\frac{3\theta}{2}) \tag{3.2.44}$$

将式(3.2.43)和式(3.2.44)代入到Ⅱ型裂纹尖端的应力分量公式(3.2.30)和位移分量公式(3.2.31)中,并考虑 $y=r\sin\theta$,便得到Ⅱ型裂纹尖端附近应力场和位移场的表达式

$$\left.\begin{aligned}
\sigma_x(r,\theta) &= -\frac{K_{\mathrm{II}}}{\sqrt{2\pi r}}\sin\frac{\theta}{2}(2 + \cos\frac{\theta}{2}\cos\frac{3\theta}{2}) \\
\sigma_y(r,\theta) &= \frac{K_{\mathrm{II}}}{\sqrt{2\pi r}}\cos\frac{\theta}{2}\sin\frac{\theta}{2}\cos\frac{3\theta}{2} \\
\tau_{xy}(r,\theta) &= \frac{K_{\mathrm{II}}}{\sqrt{2\pi r}}\cos\frac{\theta}{2}(1 - \sin\frac{\theta}{2}\sin\frac{3\theta}{2}) \\
\tau_{xz}(r,\theta) &= \tau_{yz}(r,\theta) = 0 \\
\sigma_z(r,\theta) &= \nu(\sigma_x + \sigma_y) \quad (\text{平面应变}) \\
\sigma_z(r,\theta) &= 0 \quad (\text{平面应力})
\end{aligned}\right\} \tag{3.2.45}$$

$$\left.\begin{aligned}
u(r,\theta) &= \frac{K_{\mathrm{II}}}{4\mu}\sqrt{\frac{r}{2\pi}}\left[(2\kappa+3)\sin\frac{\theta}{2} + \sin\frac{3\theta}{2}\right] \\
v(r,\theta) &= \frac{K_{\mathrm{II}}}{4\mu}\sqrt{\frac{r}{2\pi}}\left[(2\kappa-2)\cos\frac{\theta}{2} + \cos\frac{3\theta}{2}\right] \\
w(r,\theta) &= 0 \quad (\text{平面应变}) \\
w(r,\theta) &= -\int\frac{\nu}{E}(\sigma_x + \sigma_y)\mathrm{d}z \quad (\text{平面应力})
\end{aligned}\right\} \tag{3.2.46}$$

3.2.3 Ⅲ型裂纹

现有一无限大板,具有长为 $2a$ 的中心穿透裂纹,无限远处受与 z 方向平行的切应力 τ 作用,如图3.2.4所示,这样的问题就属于Ⅲ型裂纹问题。Ⅲ型裂纹问题与Ⅰ、Ⅱ型裂纹不同,它是反平面问题,裂纹面沿 z 错开,只有 z 方向位移不为零,即 $u=v=0,w=w(x,y)\neq0$,应力分量均与 z 无关。几何方程为

$$\gamma_{xz} = \frac{\partial w}{\partial x} \qquad \gamma_{yz} = \frac{\partial w}{\partial y} \tag{3.2.47}$$

物理方程为

$$\gamma_{xz} = \frac{1}{\mu}\tau_{xz} \qquad \gamma_{yz} = \frac{1}{\mu}\tau_{yz} \tag{3.2.48}$$

其他的应力 σ_x，σ_y，τ_{xy}，σ_z 和应变 ε_x，ε_y，γ_{xy}，ε_z 均为零。弹性力学的平衡方程为

$$\frac{\partial \tau_{xz}}{\partial x} + \frac{\partial \tau_{yz}}{\partial y} = 0 \tag{3.2.49}$$

现在将式(3.2.47)和式(3.2.48)代入式(3.2.49)的平衡方程中，得到调和方程为

$$\nabla^2 w = 0 \tag{3.2.50}$$

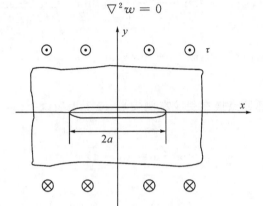

图 3.2.4　带穿透裂纹的无限大板受与 z 方向平行的切应力

仿照平面问题的方法，由于位移分量 $w(x,y)$ 应满足调和方程 $\nabla^2 w = 0$，所以 $w(x,y)$ 可以表示为

$$w(x,y) = \frac{1}{\mu} \operatorname{Im} \overline{Z}_{\mathrm{III}}(z) \tag{3.2.51}$$

可以证明式(3.2.51)满足调和方程式(3.2.50)。将式(3.2.51)代入到公式(3.2.48)中，根据柯西-黎曼条件即可得到应力分量的如下表达式

$$\left. \begin{array}{l} \tau_{xz} = \mu \dfrac{\partial w}{\partial x} = \dfrac{\partial \operatorname{Im} \overline{Z}_{\mathrm{III}}(z)}{\partial x} = \operatorname{Im} Z_{\mathrm{III}}(z) \\[3mm] \tau_{yz} = \mu \dfrac{\partial w}{\partial y} = \dfrac{\partial \operatorname{Im} \overline{Z}_{\mathrm{III}}(z)}{\partial y} = \operatorname{Re} Z_{\mathrm{III}}(z) \end{array} \right\} \tag{3.2.52}$$

现在根据边界条件来确定复变函数 $\overline{Z}_{\mathrm{III}}(z)$ 的形式，图 3.2.4 所示的 III 型裂纹的边界条件为：

(1)在裂纹面上，$y=0$，$|x|<a$ 时，$\tau_{yz}=0$。

(2)在无穷远处，$|z| \to \infty$ 时，$\tau_{xz}=0$，$\tau_{yz}=\tau$。

选取 III 型裂纹 $Z_{\mathrm{III}}(z)$ 函数为

$$Z_{\mathrm{III}}(z) = \frac{\tau z}{\sqrt{z^2 - a^2}} \tag{3.2.53}$$

现在我们证明(3.2.53)满足边界条件(1)和(2)。

当 $y=0$ 时，$z=x+\mathrm{i}y=x$，考虑 $|x|<a$，此时式(3.2.53)变为

$$Z_{\mathrm{III}}(z) = \frac{\tau x}{\sqrt{x^2 - a^2}} = \frac{\tau x}{\sqrt{-(a^2 - x^2)}} = -\mathrm{i}\,\frac{\tau x}{\sqrt{(a^2 - x^2)}} \tag{3.2.54}$$

则有 $Z_{\text{III}}(z)$ 为虚数,即 $\mathrm{Re}Z_{\text{III}}(z)=0$,所以 $\tau_{yz}=\mathrm{Re}Z_{\text{III}}(z)=0$,则式(3.2.53)的函数满足裂纹表面条件(1)。

对于无穷远处,$|z|\to\infty$,此时

$$\lim_{|z|\to\infty} Z_{\text{III}}(z) = \lim_{|z|\to\infty}\frac{\tau z}{\sqrt{z^2-a^2}} = \lim_{|z|\to\infty}\frac{\tau}{\sqrt{1-(\frac{a}{z})^2}} = \tau \tag{3.2.55}$$

所以有 $\mathrm{Re}Z_{\text{III}}(z)=\tau$,$\mathrm{Im}Z_{\text{III}}(z)=0$,故 $\tau_{xz}=\mathrm{Im}Z_{\text{III}}(z)=0$,$\tau_{yz}=\mathrm{Re}Z_{\text{III}}(z)=\tau$,所以式(3.2.53)的函数满足边界条件(2)。

现将图 3.2.4 中坐标原点换在裂纹右侧尖端,与 I 型裂纹类似,采用新的坐标系 xO_1y_1,采用新坐标 ξ,有

$$\xi = z - a = (x-a) + \mathrm{i}y \tag{3.2.56}$$

则式(3.2.53)可改写为

$$Z_{\text{III}}(\xi) = \frac{\tau(\xi+a)}{\sqrt{(\xi+a)^2-a^2}} = \frac{\tau(\xi+a)}{\sqrt{(\xi+2a)\xi}} = \frac{f(\xi)}{\sqrt{\xi}} \tag{3.2.57}$$

式中

$$f(\xi) = \frac{\tau(\xi+a)}{\sqrt{\xi+2a}}$$

在裂纹右尖端附近,当 $|\xi|\to0$ 时,$f(\xi)$ 有极限值,并等于一实常数,即

$$\lim_{|\xi|\to0} f(\xi) = \frac{\tau a}{\sqrt{2a}} = \frac{\tau\sqrt{a}}{\sqrt{2}} \tag{3.2.58}$$

根据式(3.2.57),现在令

$$\lim_{|\xi|\to0} f(\xi) = \lim_{|\xi|\to0}\sqrt{\xi}Z_{\text{III}}(\xi) = \frac{K_{\text{III}}}{\sqrt{2\pi}} \tag{3.2.59}$$

则在裂纹尖端附近,$|\xi|$ 在很小的范围内,K_{III} 为

$$K_{\text{III}} = \lim_{|\xi|\to0}\sqrt{2\pi\xi}Z_{\text{III}}(\xi) = \lim_{|\xi|\to0}\sqrt{2\pi\xi}\cdot\frac{\tau(\xi+a)}{\sqrt{(\xi+2a)\xi}} = \tau\sqrt{\pi a} \tag{3.2.60}$$

$K_{\text{III}} = \lim\limits_{|\xi|\to0}\sqrt{2\pi\xi}Z_{\text{III}}(\xi)$ 是在裂纹尖端处,即 $|\xi|\to0$ 时存在的极限。若只考虑裂纹尖端附近的一个微小区域,则近似地成立以下关系

$$K_{\text{III}} = \sqrt{2\pi\xi}Z_{\text{III}}(\xi) \tag{3.2.61}$$

K_{III} 为 III 型裂纹尖端的应力强度因子,则应力函数可以表示为

$$Z_{\text{III}}(\xi) = \frac{K_{\text{III}}}{\sqrt{2\pi\xi}} \tag{3.2.62}$$

现在以极坐标表示复变函数 ξ

$$\xi = re^{\mathrm{i}\theta} = r(\cos\theta + \mathrm{i}\sin\theta) \tag{3.2.63}$$

将式(3.2.63)代入式(3.2.62)中,并整理得到

$$Z_{\mathbb{I}}(\xi) = \frac{K_{\mathbb{I}}}{\sqrt{2\pi\xi}} = \frac{K_{\mathbb{I}}}{\sqrt{2\pi r}}(\cos\frac{\theta}{2} - \mathrm{i}\sin\frac{\theta}{2}) \tag{3.2.64}$$

将式(3.2.64)代入到Ⅲ型裂纹尖端的应力分量式(3.2.48)和位移分量式(3.2.51)中,便得到裂纹尖端附近应力场和位移场的表达式为

$$\tau_{xx} = -\frac{K_{\mathbb{I}}}{\sqrt{2\pi r}}\sin\frac{\theta}{2}, \qquad \tau_{yz} = \frac{K_{\mathbb{I}}}{\sqrt{2\pi r}}\cos\frac{\theta}{2} \tag{3.2.65}$$

$$w(x,y) = \frac{2K_{\mathbb{I}}}{\mu}\sqrt{\frac{r}{2\pi}}\sin\frac{\theta}{2} \tag{3.2.66}$$

以上采用 Westergaard 应力函数法,得到了三种基本裂纹型裂端区应力场的表达式——式(3.2.26)、式(3.2.45)和式(3.2.65),此三式给出的裂端区应力场有一个共同的特点:当 $r \to 0$ 时,即在裂纹端点处,应力分量都会趋于无穷大,这表明裂纹尖端处应力是奇点,应力场具有 $r^{-1/2}$ 阶奇异性,这种特性称之为应力奇异性。应力奇异性的产生原因主要是裂纹端点是几何上不连续点。下面举例说明应力奇异性在什么情况下会出现。

图 3.2.5 表示带有圆孔、椭圆孔或裂纹的无限大平板在孔边的应力集中现象,在无穷远处 y 方向分别受到均匀拉应力的作用。对于圆孔,此时 A 和 B 两点有应力集中现象,由弹性力学知识知道,其应力集中系数为 3。对于椭圆孔,此时 A 和 B 两点有应力集中现象,根据 Inglis 解,其应力集中系数为

$$k_{\mathrm{t}} = 1 + \frac{2a}{b} = 1 + 2\sqrt{\frac{a}{\rho}} \tag{3.2.67}$$

式中:a 为椭圆的长半轴;b 为椭圆的短半轴;ρ 为椭圆长轴端点的曲率半径,其值为 $\rho = b^2/a$。由于 a 大于 ρ,所以 k_{t} 恒大于 3,即椭圆孔的应力集中的程度要比圆孔问题严重。如果短轴长趋于零,则曲率半径 ρ 也趋于零,从式(3.2.67)可以看出,此时应力集中系数将趋于无限大,在没有特别说明的情况下,断裂力学所指的裂纹,其裂端的曲率半径是趋于零的,因此,图 3.2.5(c) 中的裂纹即为曲率半径 ρ 趋于零的椭圆孔,其裂端有无限大的应力,应力具有奇异性。应当注意,裂纹尖端处具有无限大的应力并不会使该点的位移趋于无限大。

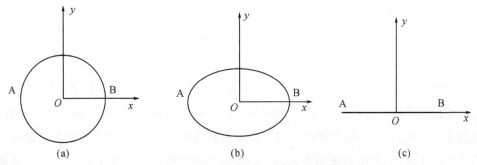

图 3.2.5　带裂缝的无限大平板在孔边的应力集中现象

(a)圆孔;(b)椭圆孔;(c)裂纹

3.3   应力强度因子断裂判据

3.3.1   应力强度因子

由上节裂纹尖端应力场和位移场可知,三种基本裂纹型裂端区应力场和位移场的表达式可写成一般通式

$$\sigma_{ij}^m = \frac{K_m}{(2\pi r)^{1/2}} f_{ij}^m(\theta) \tag{3.3.1}$$

$$u_i^m = K_m \sqrt{\frac{r}{\pi}} g_i^m(\theta) \tag{3.3.2}$$

式中:$\sigma_{ij}(i,j=1,2,3)$ 为应力分量;$u_i(i=1,2,3)$ 为位移分量;$m=$ Ⅰ、Ⅱ、Ⅲ,表示裂纹类型;$f_{ij}(\theta)$ 和 $g_i(\theta)$ 是极角 θ 的函数。从式(3.3.1)和式(3.3.2)可更清楚地看出,如给定裂纹尖端某点的位置已知时(即 r,θ 已知),裂纹尖端某点的应力、位移和应变完全由 $K_m(m=$ Ⅰ、Ⅱ、Ⅲ)决定,把 K_m 称为裂纹尖端的应力强度因子,简称为应力强度因子。应力强度因子是表征裂端应力应变场强度的物理量。

应力强度因子可由相应的应力场和位移场的公式定义

$$
\begin{aligned}
K_{\text{Ⅰ}} &= \lim_{r \to 0} (2\pi r)^{1/2} \sigma_y(r,0) \\
K_{\text{Ⅱ}} &= \lim_{r \to 0} (2\pi r)^{1/2} \tau_{xy}(r,0) \\
K_{\text{Ⅲ}} &= \lim_{r \to 0} (2\pi r)^{1/2} \tau_{yz}(r,0)
\end{aligned}
\tag{3.3.3}
$$

应力强度因子与裂纹尖端区域内点的位置坐标无关,它只是表征裂纹尖端场的强弱,而不表征裂纹变形状态下的应力、应变和位移分布,应力强度因子的大小由荷载、裂纹的数目、裂纹长度和裂纹位置以及物体的几何形状来决定,单位为 MPa·m$^{1/2}$。

通常,应力强度因子可以写成如下的形式

$$K_1 = Y\sigma(a)^{1/2} \tag{3.3.4}$$

式中:a 是裂纹的尺寸;σ 为名义应力,是指裂纹位置上按无裂纹计算时的应力;Y 是几何因子或形状因子,与裂纹长度或位置、物体形状有关。式(3.3.4)也表明,应力强度因子与荷载呈线性关系,并依赖于物体与裂纹的几何形状和尺寸。

传统力学通常用应力大小来描述裂纹尖端的应力场,但是在断裂力学中,用应力本身来表征裂纹尖端的应力场是不合适的,因为当 $r \to 0$ 时,即在裂纹端点处,应力分量趋于无穷大,按照传统的强度理论的观点,裂纹体就应发生破坏或裂纹扩展,这与工程中大量的裂纹体不发生破坏的事实并不相符,说明不能用应力的大小作为判断裂纹体是否发生破坏或裂纹是否扩展的指标。而应力强度因子却可以有效地表征裂纹尖端附近的应力场的强度,它是判断裂纹是否将进入失稳状态的一个指标,因此求裂纹的应力强度因子是线弹性断裂力学中很重要的一

项工作。

在工程上,关于应力强度因子计算的方法主要有解析法和数值法两种。解析法包括应力函数法、积分变换法,比如 3.2 节介绍的 Westergaard 函数法就是一种复应力函数法,采用这样一种方法可以求解较多的平面问题的应力强度因子。数值法包括有限单元法、边界元法、边界配置法,可用于求解复杂裂纹结构的应力强度因子,在本书第 7 章详细地介绍了采用数值法计算应力强度因子的过程。

3.3.2　应力强度因子断裂判据

对于受载的裂纹体,应力强度因子 K 是描述裂纹尖端应力场强弱程度的力学参量,从式(3.3.4)可以看出,当应力增大时,裂纹前端的 K 也逐渐增加,当 K 达到某一临界值时,带裂纹的构件就断裂了,这一临界值便称为断裂韧性 K_c,是材料抵抗断裂的一个韧性指标,表征了材料阻止裂纹扩展的能力。

据此建立起脆性断裂的应力强度因子的断裂判据为

$$K \geqslant K_c \tag{3.3.5}$$

式中:K 是受外界条件影响的反映裂纹尖端应力场强弱程度的力学度量,它不仅随外加应力和裂纹长度的变化而变化,也和裂纹的形状类型以及加载方式有关,但它和材料本身的固有性能无关,可以通过理论计算或者应力强度因子手册而确定;而断裂韧性 K_c 则是反映材料阻止裂纹扩展的能力,因此是材料本身的特性。

K_c 是平面应力状态下的断裂韧性,它和板材或试样厚度有关。当板材厚度增加到平面应变状态时,断裂韧性就趋于一稳定的最低值,这时便与板材或试样的厚度无关了,我们称该最低值为平面应变的断裂韧性 K_{Ic},它才真正是一个材料常数,反映了材料阻止裂纹扩展的能力。

我们通常测定的材料断裂韧性,就是平面应变的断裂韧性 K_{Ic},而建立的断裂判据也是以 K_{Ic} 为标准的,因为它反映了最危险的平面应变断裂情况,因此,I 型裂纹保守的断裂判据为

$$K_I \geqslant K_{Ic} \tag{3.3.6}$$

式(3.3.6)的断裂判据通常称之为 K 判据,通过式(3.3.6)的断裂判据就可以对带裂纹的构件进行断裂问题分析。在工程实际问题中,采用 K 判据一般可以解决以下三种问题:

(1)确定带裂纹构件的临界载荷。若已知构件的几何因素、裂纹的尺寸和材料的断裂韧性 K_{Ic},应用 K 判据可确定带裂纹构件的临界载荷。

(2)确定容许的裂纹尺寸。当给定载荷、材料的断裂韧性 K_{Ic} 以及裂纹体的几何形态以后,应用 K 判据可确定容许的裂纹尺寸,即裂纹失稳扩展时所对应的裂纹尺寸。

(3)评定与选择材料。按照传统的设计思想,评定与选择材料通常由屈服强度(或强度极限)来决定,而考虑构件的抗断裂能力,应选择断裂韧性 K_{Ic} 高的材料。不少材料屈服强度越

高而断裂韧性 K_{IC} 值越低,所以评定与选择材料应该两者兼顾,全面评价。

3.4 常见裂纹的应力强度因子

在工程构件内部,通常 I 型裂纹是最危险的,实际裂纹即使是复合型裂纹,为了更加安全,也往往把它作为 I 型裂纹处理。因此我们下面主要介绍一些最常见的 I 型裂纹应力强度因子,更多常见裂纹问题的应力强度因子已汇集成手册,可以根据手册的结果,或做一定简化和近似后,来解决工程问题。

(1)无限大板有中心裂纹,裂纹表面受到均匀拉伸应力作用,如图 3.4.1 所示,其应力强度因子为

$$K_1 = \sigma \sqrt{\pi a} \tag{3.4.1}$$

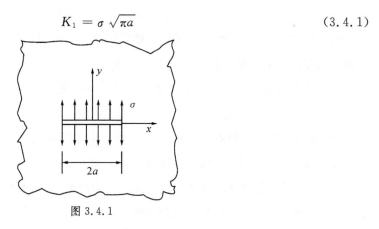

图 3.4.1

(2)无限宽的长条板有单边裂纹,受到无穷远处的均匀拉伸,如图 3.4.2 所示,其应力强度因子为

$$K_1 = 1.12\sigma \sqrt{\pi a} \tag{3.4.2}$$

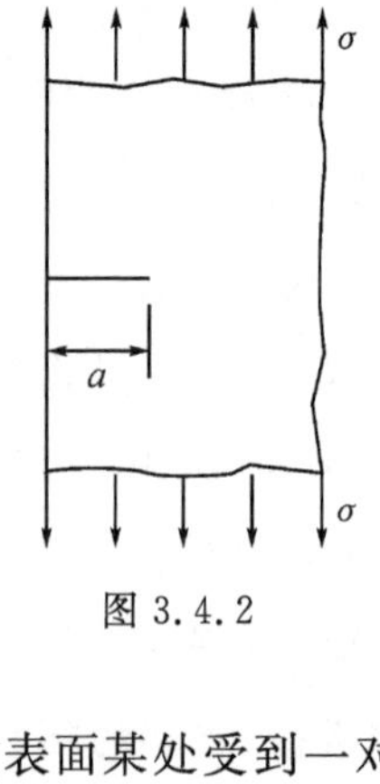

图 3.4.2

(3)无限大平板有中心裂纹,裂纹表面某处受到一对集中拉力 p(单位厚度集中力)作用,如图 3.4.3 所示,其应力强度因子为

$$K_A = \frac{p}{\sqrt{\pi a}} \sqrt{\frac{a+b}{a-b}}$$

$$K_{\mathrm{B}} = \frac{p}{\sqrt{\pi a}} \sqrt{\frac{a-b}{a+b}} \tag{3.4.3}$$

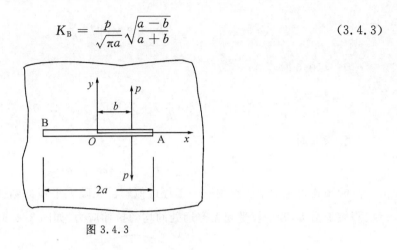

图 3.4.3

(4) 有限宽的长条板有中心裂纹,受到无穷远处的均匀拉伸拉力,如图 3.4.4 所示,其应力强度因子为

$$K = \sigma \sqrt{\pi a} \sqrt{\sec\left(\frac{\pi a}{h}\right)} \tag{3.4.4}$$

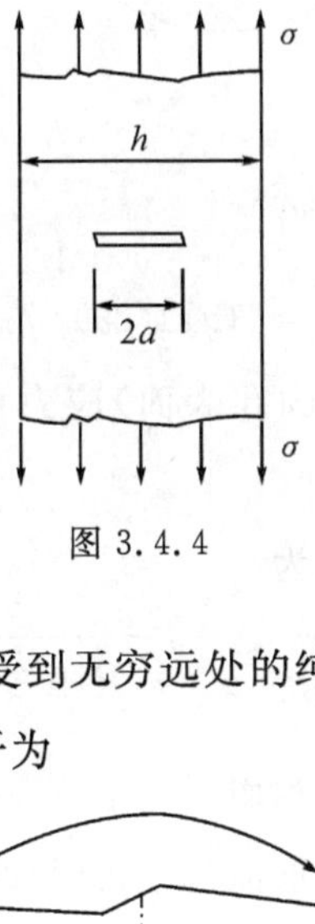

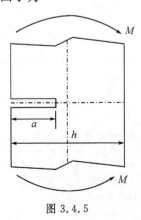

图 3.4.4

(5) 有限宽的长条板有单边裂纹,受到无穷远处的纯弯曲,如图 3.4.5 所示,设 $\sigma = 6M/h^2$,(M 为单位厚度弯矩),其应力强度因子为

图 3.4.5

$$K = \sigma \sqrt{\pi a} f(\frac{a}{h}) \tag{3.4.5}$$

当 $\frac{a}{h} \leqslant 0.6$ 时

$$f(\frac{a}{h}) = 1.12 - 1.40(\frac{a}{h}) + 7.33(\frac{a}{h})^2 - 13.08(\frac{a}{h})^3 + 14.0(\frac{a}{h})^4 \tag{3.4.6}$$

当 $a \ll h$ 时

$$K = 1.12\sigma \sqrt{\pi a} \tag{3.4.7}$$

(6)圆孔萌生的单边裂纹——工程近似解。无限大平板的圆孔萌生了一条穿透板厚的裂纹,裂纹长为 L,若平板受到无穷远处的均匀拉伸应力,如图 3.4.6 所示。

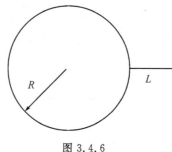

图 3.4.6

当 $L \ll R$ 时,应力强度因子的上限为

$$K = 1.12(3\sigma) \sqrt{\pi L} \tag{3.4.8}$$

这里用 1.12 来表达短裂纹的背表面(圆孔表面)应力自由的修正。3σ 为圆孔应力集中处的应力。

若裂纹较长,则应力强度因子下限为

$$K = \sigma \sqrt{\pi(R + \frac{L}{2})} \tag{3.4.9}$$

这里把圆孔也视为裂纹的一部分,利用了格里菲斯裂纹的应力强度因子的表达式。

(7)圆孔萌生的双边裂纹——工程近似解。无限大平板的圆孔萌生了两条穿透板厚的裂纹,裂长为 L_1 和 L_2,平板受到无穷远处的均匀拉伸应力,如图 3.4.7 所示。

若为短裂纹时,应力强度因子的上限为

$$K = 1.12(3\sigma) \sqrt{\pi L} \tag{3.4.10}$$

这里用 1.12 来表达短裂纹的背表面(圆孔表面)应力自由的修正。3σ 为圆孔应力集中处的应力。

应力强度因子的下限为

$$K = \sigma \sqrt{\pi(R + \frac{L_1 + L_2}{2})} \tag{3.4.11}$$

这里把圆孔也视为裂纹的一部分,利用了格里菲斯裂纹的应力强度因子的表达式。

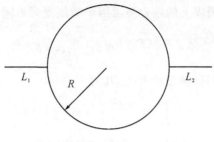

图 3.4.7

(8)圆裂纹。如图 3.4.8 所示,此裂纹又称为钱币形裂纹,这是三维的Ⅰ型裂纹问题,裂纹表面呈圆形,假设受到垂直裂纹表面的拉伸应力,当弹性体的体积远大于圆裂纹尺寸,且拉伸应力为均布时,圆周上每一点的应力强度因子(精确解)为

$$K = \frac{2}{\pi}\sigma\sqrt{\pi a} \qquad\qquad (3.4.12)$$

式中:σ 为均布拉伸应力;a 为圆裂纹半径。发生在大锻件和大铸件内部的裂纹,可近似地看成此种圆裂纹。

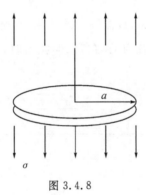

图 3.4.8

(9)椭圆裂纹受到均布拉伸应力——工程近似解。当大弹性体有深埋在内部的裂纹时,有时其形状比较接近于椭圆形,如图 3.4.9 所示。

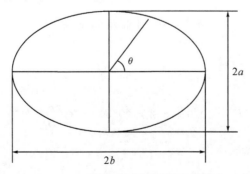

图 3.4.9　椭圆裂纹受到均布拉伸应力

椭圆半长轴为 b，半短轴为 a。当 $b=a$ 时，就变成圆裂纹。假设受到垂直裂纹面的均布应力，根据 Irwin 的建议，椭圆圆周上的应力强度因子随位置而不同，其表达式为

$$K = \frac{\sigma \sqrt{\pi a}}{\Phi}(\sin^2\theta + \frac{a^2}{b^2}\cos^2\theta)^{1/4} \qquad (3.4.13)$$

式中：Φ 为第二类椭圆积分，与椭圆形状有关，其为

$$\Phi = \int_0^{\frac{\pi}{2}} \left[1 - \frac{b^2 - a^2}{b^2}\sin^2\varphi\right]^{1/2} \mathrm{d}\varphi \qquad (3.4.14)$$

为了工程计算的方便，当 $a < b$ 时，取近似值的表达式为

$$\Phi = \frac{3\pi}{8} + \frac{\pi}{8} \cdot \frac{a^2}{b^2} \qquad (3.4.15)$$

用此式计算误差小于 5%。Φ 值也可查数学手册。在短轴的端点，K 有最大值。在长轴的端点，K 有最小值。其值分别为

$$K_{\max} = K_{\theta=\frac{\pi}{2}} = \frac{\sigma \sqrt{\pi a}}{\Phi}$$

$$K_{\min} = K_{\theta=0} = \frac{\sigma \sqrt{\pi a^2/b}}{\Phi} \qquad (3.4.16)$$

(10)半椭圆形表面裂纹——工程近似解。图 3.4.10 所示裂纹是厚壁容器和薄壁容器内壁最常发生的裂纹，当受到垂直裂纹面的均布拉伸应力时，最感兴趣的是 A 点（最深点）的应力强度因子 K_A，其表达式为

$$K_\mathrm{A} = \frac{F\sigma \sqrt{\pi a}}{\Phi} \qquad (3.4.17)$$

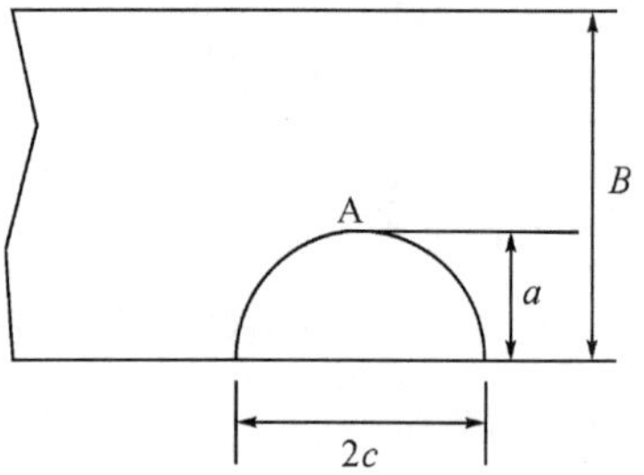

图 3.4.10　半椭圆形表面裂纹

当 $\frac{a}{c} > 0$ 时

$$F = 1010 + 5.2 \times (0.5)^{5a/c} \times (\frac{a}{B})^{1.8+\frac{a}{c}} \qquad (3.4.18)$$

当 $\frac{a}{c} = 0$ 时

$$F = 1.12 - 0.23(\frac{a}{B}) + 10.6(\frac{a}{B})^2 - 21.71(\frac{a}{B})^3 + 30.38(\frac{a}{B})^4 \qquad (3.4.19)$$

3.5 应力强度因子和能量释放率的关系

在第 2 章中,从能量的观点得到了裂纹失稳扩展的断裂判据 $G_{\mathrm{I}} \geqslant G_{\mathrm{c}}$;在 3.3 节中,从裂纹尖端附近区域的应力场出发,得到了裂纹失稳扩展的另一断裂判据 $K_{\mathrm{I}} \geqslant K_{\mathrm{Ic}}$。这两个判据描述的是同一个问题,只是出发点不同,因此,它们之间必然存在着某种内在的关系。现在就以带有穿透板厚的 I 型裂纹的平板为例,来建立应力强度因子和能量释放率间的关系。

假设不考虑塑性变形能、热能和动能等其他能量的损耗,则能量转换表现为所有能量在裂端释放以形成新的裂纹面积。

图 3.5.1 所示的裂纹板,沿裂纹延长线上,当 $\theta = 0°, r = x$ 时,由公式(3.2.26)第二式可知,

$$\sigma_y(x,0) = \frac{K_{\mathrm{I}}}{\sqrt{2\pi x}} \tag{3.5.1}$$

$\sigma_y(x,0)$ 可以认为是裂纹端点正前方有使裂纹顶撑开的拉伸应力。如图 3.5.2 所示,在初始应力 $\sigma_y(x,0)$ 的作用下,裂尖由 O 扩展到 O',裂长由 a 扩展到 $a+s$,由于假想裂纹已扩展到了 O',因此,假想裂纹的尖端为 O' 点,并以 O' 点为坐标原点建立坐标系 $x'O'y'$。

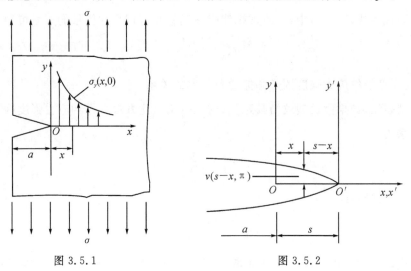

图 3.5.1   图 3.5.2

对于在原来的坐标系 xOy 中,$r = x$ 处,或者在新坐标系 $x'O'y'$ 中,离新坐标原点 O' 为 $s - x$ 处,此时,裂纹长度为 $a+s, r = s-x, \theta = \pi$,根据式(3.2.27)中的第二式,新裂纹上表面的位移为

$$v(s-x, \pi) = \frac{\kappa+1}{2\mu} \sqrt{\frac{s-x}{2\pi}} [K_{\mathrm{I}}]_{a+s} \tag{3.5.2}$$

式中:$[K_{\mathrm{I}}]_{a+s}$ 是裂纹长度为 $a+s$ 时的应力强度因子。当裂纹表面张开至式(3.5.2)给出的值时,裂纹表面才真正形成,此时裂纹表面已无应力作用。

按照格里菲斯能量释放的观点,裂纹长度延长 s 时,此裂端所释放的能量将等于裂纹作用力 $\sigma_y(x,0)$ 对裂纹上下表面所做的功。作用力 $\sigma_y(x,0)$ 对裂纹上下表面所做的功为

$$dW = 2\int_0^s \frac{\sigma_y(r,0)v(s-x,\pi)}{2}Bdr \tag{3.5.3}$$

因此按照 I 型裂纹能量释放率 G_I 的定义,有

$$G_I = \left(\frac{\partial U}{\partial A}\right)_P = \frac{1}{B}\frac{\partial U}{\partial a} = \frac{2}{B}\lim_{s\to 0}\frac{1}{s}\int_0^s \frac{\sigma_y(x,0)v(s-x,\pi)}{2}Bdr \tag{3.5.4}$$

现在分别将(3.5.1)和(3.5.2)代入式(3.5.4)中

$$G_I = \frac{1}{B}\lim_{s\to 0}\frac{1}{s}\int_0^s \frac{K_I}{\sqrt{2\pi r}}\cdot\frac{\kappa+1}{2\mu}\sqrt{\frac{s-x}{2\pi}}[K_I]_{a+s}Bdr \tag{3.5.5}$$

当 $s\to 0$ 时,$[K_I]_{a+s}\to K_I$,对式(3.5.5)积分并整理,则有

$$G_I = \left(\frac{\kappa+1}{2\mu}\right)K_I^2 \tag{3.5.6}$$

对于平面问题,如果取有效弹性模量 E_1 则有

$$E_1 = \begin{cases} E & \text{(平面应力)} \\ E/1-\nu^2 & \text{(平面应变)} \end{cases} \tag{3.5.7}$$

将式(3.2.28)代入式(3.5.6)中,并考虑拉伸弹性模量和剪切弹性模量的关系可得

$$G_I = \frac{K_I^2}{E_1} \tag{3.5.8}$$

式(3.5.8)为 I 型裂纹应力强度因子和能量释放率的关系。

对于 II 型裂纹,如果假设裂纹沿其延长线扩展,用上述方法可得到应力强度因子和能量释放率间的关系为

$$G_{II} = \frac{K_{II}^2}{E_1} \tag{3.5.9}$$

同样,对于 III 型裂纹

$$G_{III} = \frac{(1+\nu)K_{III}^2}{E} \tag{3.5.10}$$

式(3.5.8)、式(3.5.9)、式(3.5.10)分别是 I、II、III 型裂纹应力强度因子和能量释放率的关系,其成立的条件是基于裂纹沿原方向扩展。实验结果表明,除 I 型裂纹可以沿原方向扩展外,其余裂纹型往往不沿着原方向扩展,因此 II 型和 III 型裂纹应力强度因子和能量释放率的关系式只是名义的关系式,没有实际意义。如果要考虑裂纹真正的扩展方向来计算应力强度因子和能量释放率间的关系,这已不是解析的方法所能做的,必须要用数值解法,同时还要有一套断裂理论指出裂纹开裂的方向。

根据公式(3.5.8)可知,对于在平面应变条件下的 I 型裂纹,在临界状态下有

$$G_{Ic} = \frac{(1-\nu^2)K_{Ic}^2}{E} \tag{3.5.11}$$

类似的可以得到 G_{IIC} 和 K_{IIC}、G_{IIIC} 和 K_{IIIC} 的互相换算的关系,所以在线弹性条件下,K 判据和 G 判据是等效的。工程实际应用中用 K 判据更方便一些,这是因为计算能量释放率时需要导出裂纹体应变能的改变量的解析表达式,在数学上有较多的困难,而应力强度因子的计算却要方便得多,对于各种裂纹的应力强度因子计算在断裂力学中已积累了很多的资料,现已编有应力强度因子手册,多数情况可从手册中查出 K 的表达式,而 G 的计算则资料甚少。另一方面,K_{IC} 和 G_{IC} 虽然都是材料固有的性能,但从实验测定来说,得到 K_{IC} 更容易,因此多数材料在各种热处理状态下所给出的是 K_{IC} 的实验数据。这是 K 判据相对于 G 判据的两个优点,因此,在线弹性断裂力学中,一般都要用 K 判据。

3.6　确定应力强度因子的柔度法

裂纹尖端应力强度因子的求解,尽管有解析法、数值法,但由于实际问题的多样性和复杂性,计算遇到了很大的困难,有时甚至无法解决。在这种情况下,实验测定应力强度因子是一种有效的方法。

格里菲斯提出能量释放原理是对断裂力学的一大贡献,但在欧文把能量释放率和应力强度因子联系起来以前,对一个含裂纹的平板要计算其受荷载时的 G 值是很不容易的。反过来,表达裂纹端点区应力强度的 K 值,不通过与 G 的联系,也很难验证计算的可靠性和适用范围。本节介绍的柔度法是通过柔度随裂纹长度改变的这个性质,用测量的方法得到 G,再利用 G 和 K 的关系来得到 K 值。由于 I 型裂纹的 G 和 K 的关系是精确的,并且 I 型裂纹容易施加荷载,所以柔度法一般只用在 I 型裂纹问题中。

柔度法一般应用于恒载荷时平板的 I 型裂纹问题,要求裂纹前沿整齐,有相同的能量释放率。整个应力强度因子标定的步骤如下:

(1)在不同的裂纹长度下画出 P-δ 关系图。选定一标准试件制成长为 a_1 的 I 型裂纹,然后在拉力试验机或万能材料试验机上拉伸,配上荷载传感器和位移传感器,可在记录仪上画出拉力 P 和加载点位移 δ 关系图,此时 P-δ 关系应是线性的。再度使裂纹稍稍延长至 a_2 的长度,在同一张记录纸上记录此时 P-δ 关系,如此进行至少十次,裂纹长度已相当长时才停止,如图 3.6.1(a)所示。

(2)画出柔度和裂纹长度之间的关系。根据图 3.6.1(a),求出不同裂纹长度下的柔度 C。柔度 C 是 P-δ 直线斜率的倒数,把柔度与裂长的关系画在图 3.6.1(b)中。若是数据点足够多,可用最小二乘法把数据点拟合成一条多项式表示的曲线,若取此多项式为四次多项式,用无量纲量来表示,则有

$$BEC = b_0 + b_1\left(\frac{a}{h}\right) + b_2\left(\frac{a}{h}\right)^2 + b_3\left(\frac{a}{h}\right)^3 + b_4\left(\frac{a}{h}\right)^4 \tag{3.6.1}$$

式中:B 为板厚;E 为弹性模量;h 为板宽;b_i 为多项式各项的系数。

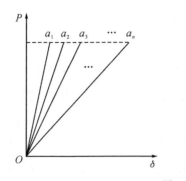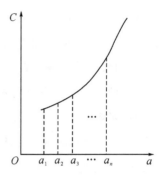

图 3.6.1

(a)P-δ 关系图；(b)C-a 关系图

(3)求出 $\dfrac{\partial C}{\partial a}$，代入式(2.4.21)或式(2.4.24)中求出 G。

(4)将所得到的 G 代入式(3.5.8)中，即可得到应力强度因子 K_{I} 为

$$K_{\mathrm{I}} = \frac{P}{B(2h)^{\frac{1}{2}}}\left[b_1 + 2b_2\left(\frac{a}{h}\right) + 3b_3\left(\frac{a}{h}\right)^2 + 4b_4\left(\frac{a}{h}\right)^3\right]^{\frac{1}{2}} \tag{3.6.2}$$

上面的过程是在平面应力状态下得到的，在平面应变时需要将 E 变为 $\dfrac{E}{1-\nu^2}$，此时

$$K'_{\mathrm{I}} = \frac{P}{B(2h)^{\frac{1}{2}}\sqrt{1-\nu^2}}\left[b_1 + 2b_2\left(\frac{a}{h}\right) + 3b_3\left(\frac{a}{h}\right)^2 + 4b_4\left(\frac{a}{h}\right)^3\right]^{\frac{1}{2}} \tag{3.6.3}$$

上述步骤就是采用柔度法来确定应力强度因子 K 的过程。在第 3 章中所给出裂纹的应力强度因子 K 与材料的弹性模量 E 和泊松比 ν 无关，对于均质物体的 I 型裂纹是正确的，但对于某些特殊的复合型裂纹，虽然应力强度因子 K 与材料的弹性模量 E 无关，但是泊松比 ν 对应力强度因子有一定的影响，若取 $\nu=0$（相当于平面应力状态）与 $\nu=0.3$ 相比较，二者差别为 6%，说明使用薄板和厚板做实验得到的结果基本是一样的。

3.7　阻力曲线

在第 2 章和第 3 章中分别介绍了线弹性断裂力学的两个断裂判据

$$\left.\begin{array}{c} G \geqslant G_{\mathrm{IC}} \\ K \geqslant K_{\mathrm{IC}} \end{array}\right\} \tag{3.7.1}$$

在式(3.7.1)两个判据中，左边的能量释放率 G 和应力强度因子 K 可作为裂纹是否有扩展倾向能力的度量，称之为裂纹扩展力；而右边的物理量 G_{IC} 和 K_{IC} 称为裂纹扩展的阻力，反映了材料阻止裂纹扩展的能力，统一用 R 表示，只有裂纹扩展力大于裂纹扩展的阻力，裂纹才有可能扩展。

现在以平面应变无限大平板 I 型中心裂纹为例，来说明裂纹扩展阻力的概念。此时能量释放率为

$$G = \frac{\pi \sigma^2 a}{E_1} \tag{3.7.2}$$

根据式(3.7.2),在图 3.7.1 中画出了 R、G 与 a 的关系,横轴表示裂纹长度 a,纵轴表示裂纹扩展力 G 和裂纹扩展阻力 R,当拉伸应力保持定值时,裂纹扩展力 G 随 a 增加而线性上升(带箭头的直线)。对于平面应变的脆性断裂,裂纹的扩展阻力 R 由 G_{IC} 来确定,而平面应变的断裂韧性 G_{IC} 是一材料常数,不随着裂纹长度 a 发生改变,因此用水平虚直线表示裂纹扩展阻力线。

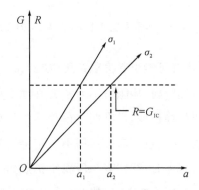

图 3.7.1　平面应变下 R、G 与 a 的关系

在拉伸应力 σ_1 作用时,裂纹半长度为 a_1 就达到裂纹扩展阻力 R;超过 a_1 就发生失稳断裂;低于 a_1,则裂纹不扩展。以小于 σ_1 的拉伸应力 σ_2 作用时,裂纹半长度为 a_2 才会达到裂纹扩展阻力 R;超过 a_2,才会发生失稳断裂;低于 a_2,则裂纹不扩展。

现将横轴改为裂纹扩展增量 Δa,则图 3.7.1 就改成图 3.7.2。可以看出只有 $\Delta a > 0$ 部分裂纹才会扩展,$\Delta a < 0$ 部分即表示不扩展,而以负方向离原点的距离表示裂纹半长度的大小。

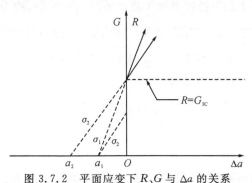

图 3.7.2　平面应变下 R、G 与 Δa 的关系

对不同厚度的平板,尤其是厚度小于平面应变所要求的厚度时,裂纹扩展阻力不再是常数,此时裂纹扩展阻力随 Δa 的增加而增加,如图 3.7.3 所示。

此时裂纹扩展阻力就变为一曲线,此曲线叫作阻力曲线或 R 曲线。例如在韧性断裂时,裂纹扩展阻力往往是呈曲线的。一旦达到并稍微超过裂纹开始扩展的条件时,若外力仍维持不变,则较长的裂纹(例如图 3.7.3 中的裂长 a_2 受到 σ_2 作用时)有可能稍微扩展,然后很快地

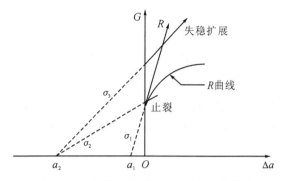

图 3.7.3　非平面应变下 R、G 与 Δa 的关系

停止下来,只有当外力较大时,才有可能引起失稳扩展(如 σ_1,σ_3)。

　　阻力曲线的测定一般是针对裂纹扩展阻力不为常数值时才实施。脆性材料平面应变的恒载荷试验时,试件一启裂就立即失稳扩展,没有明显的稳定扩展阶段,也不会止裂。非平面应变的情况,阻力随裂纹扩展增量而变,达到启裂点后不一定会发生扩展,即使扩展也不一定是失稳扩展,当扩展力稍稍超过启裂点时,往往有一段稳定扩展(也叫作亚临界裂纹扩展),当达到失稳断裂时,这时的 Δa 已大到不可忽略了,对于有稳定扩展阶段的断裂韧度测试,若监测启裂点不容易时,可以测量阻力曲线,然后用外推法得出启裂点。

3.8　平面应变断裂韧度 K_{IC} 的测试

　　在 3.3 节建立了应力强度因子断裂判据 $K_I \geqslant K_{IC}$,其中 K_I 是应力强度因子,是反映裂纹尖端附近应力场强弱程度的参量,其值决定于构件的几何形状、裂纹尺寸和外荷载的大小。K_{IC} 则是材料在平面应变状态下抵抗裂纹失稳扩展能力的度量,称为材料平面应变断裂韧度,在一定的条件下,它与加载方式、式样类型和尺寸无关,可以通过试验来测定。

　　平面应变断裂韧度 K_{IC} 的测试是最早发展起来的测试断裂力学参数的一种方法,目前较为成熟。美国 ASTM E399 标准中有详细的规定,我国也颁布了相应的 YB 947—78,下面主要依据 YB 947—78,介绍平面应变断裂韧度的测试方法。

3.8.1　K_{IC}测试原理

　　线弹性体或者小范围屈服的Ⅰ型裂纹试样,裂纹尖端部位应力、应变场强度可以完全由应力强度因子 K_I 描述。实验表明,K_I 是外荷载、裂纹长度及试样的几何形状的函数。在平面应变条件下,外荷载、裂纹长度的某一组合使 $K_I = K_{IC}$,裂纹开始失稳扩展,K_I 的临界值 K_{IC} 即平面应变断裂韧度是一材料常数。实验室测定 K_{IC} 时,一般保持裂纹长度 a 为定值,而令荷载逐渐增加使裂纹达到临界状态,将此时的荷载 P_c、裂纹长度 a_c 代入所用试样的 K_I 的表达式即可求出 K_{IC},所测得的 K_{IC} 就将是一个与试样的几何形状无关的材料常数。

3.8.2　试样的类型

标准中通常使用三点弯曲和紧凑拉伸两种试样,如图 3.8.1 和图 3.8.2 所示。

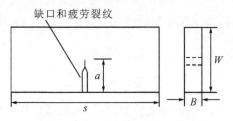

图 3.8.1　三点弯曲标准试样

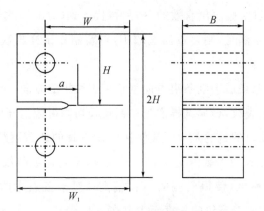

图 3.8.2　紧凑拉伸试样

三点弯曲试样形状简单,加工制作方便,要求试验机吨位小,但裂纹可扩展的长度较短。

紧凑拉伸试样结构紧凑,节省材料,裂纹扩展距离较长,但形状复杂,加工制作难度较大,试验机的吨位高于三点弯曲试样。

在实际使用中,试样类型选用原则是根据材料来源、加工条件、实验设备以及实验目的综合考虑。当材料来源不受太大限制,但加工条件不足,这时就可优先选择加工简单的三点弯曲试样。也可根据实际需要,选用或自行设计其他形状的试样,原则是这种试样最好有已知的应力强度因子的计算公式。

3.8.3　试样尺寸

试样类型选择好后,就需要确定试样厚度,再根据厚度选择其他尺寸。在选择试样尺寸时要基于以下三个条件。

(1)由于试样的厚度对裂纹尖端应力状态有重大影响,只有当厚度达到一定尺寸之后,试样才处于平面应变状态,才能得到有效的 K_{IC} 值。

(2)因为 K_{IC} 是材料在平面应变或小范围屈服下裂纹失稳扩展时 K_I 的临界值,因此测定 K_{IC} 用的试样尺寸必须保证裂纹顶端处于平面应变或小范围屈服状态,才能保证 K_{IC} 有足够的精度。

（3）为了保证实现小范围屈服条件，对试样韧性宽度 $W-a$ 也要提出要求，以保证裂端塑性区尺寸远小于韧性宽度 $W-a$。

考虑以上三个条件，若将试样在 z 向的厚度 B、在 y 向韧性宽度 $W-a$ 以及裂纹长度 a 设计成如下尺寸

$$B、a、W-a \geqslant 2.5(\frac{K_{\mathrm{I} \mathrm{C}}}{\sigma_y})^2 \tag{3.8.1}$$

从式（3.8.1）可以看出，$K_{\mathrm{I}\mathrm{C}}$ 是通过实验测定的，而被测试样的厚度却与 $K_{\mathrm{I}\mathrm{C}}$ 有关，两者互相制约，因此在实际工作中，我们首先根据已有材料或相近材料估算一个 $K_{\mathrm{I}\mathrm{C}}$，按照式（3.8.1）初步确定试样厚度 B，通过实验测出有效的 $K_{\mathrm{I}\mathrm{C}}$，再代入到（3.8.1）式，如果 B 满足不等式，则表明厚度选择适当，如果不满足，则要重新选取 B，重新制作试样再次实验，一直到 B 满足不等式（3.8.1）。

试样加工后，特别注意最后磨削条痕方向垂直于裂纹扩展方向，至少不要使二者平行。磨削之后就要开缺口和预制裂纹，金属试样需先在钼丝线切割机床上开切一缺口，再在高频疲劳试验机上预制裂纹。开缺口的目的是为了能快速引发平直的疲劳裂纹，要求缺口尖端的曲率半径小于 0.25 mm。预制裂纹既要避免得到尖锐裂纹，又要避免裂纹尖端因荷载过高而过分钝化，从而产生较大的塑性区，使得所测的 $K_{\mathrm{I}\mathrm{C}}$ 偏高。对于三点弯曲试样，应使裂纹总长度 $a=(0.45\sim0.55)W$，其中疲劳裂纹的长度至少要在 1.5 mm。

3.8.4　试验装置与过程

$K_{\mathrm{I}\mathrm{C}}$ 试验一般是在万能试验机上进行的，三点弯曲试验装置如图 3.8.3 所示，一般由活动

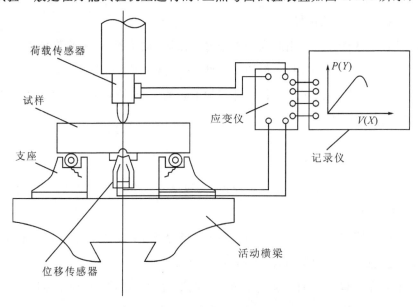

图 3.8.3　三点弯曲试验装置示意图

横梁、支座、试样、荷载传感器、位移传感器、应变仪和记录仪七部分构成。现将测量好尺寸的试样按规定装夹固定好,在加载过程中,位移传感器和荷载传感器得到信号并放大后输入到记录仪,最后描绘出力 P 与裂纹尖端张开位移 V 之间的关系曲线。

3.8.5　试验结果处理

在加载过程中,随载荷 P 的增加,裂纹尖端张开位移 V 增大,用记录仪记录曲线如图 3.8.4 所示。图示为常见的三种 P-V 曲线形状,通过 P-V 曲线可确定裂纹失稳扩展时的条件临界载荷 P_Q。

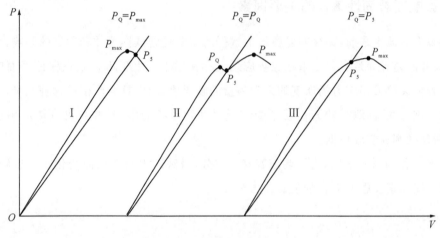

图 3.8.4　典型的 P-V 曲线

做一直线 OP_5,使其斜率比线弹性部分的斜率少 5%,如 P_5 前有比 P_5 大的载荷,此最高载荷为 P_Q,如图中 I、II 两种情况;如 P_5 前无比 P_5 大的载荷,则 $P_Q = P_5$,如图中 III 情况。

所谓的条件临界载荷 P_Q,是指 $\Delta a / a = 2\%$ 时的负荷。可以证明,对于标准试样,该点正好相应于具有 95% 线性段斜率的直线与 P-V 曲线的交点。

下面我们计算 K_{IC} 的值。三点弯曲试样加载时,K_I 值的计算可用下式

$$K_I = \frac{P \cdot s}{B W^{3/2}} \cdot Y_1 \left(\frac{a}{W} \right) \tag{3.8.2}$$

式中:$Y_1 \left(\dfrac{a}{W} \right)$ 是与 a/W 有关的函数,是几何修正因子,按照 YB 947—78 标准,有

$$Y_1 \left(\frac{a}{W} \right) = \left[1.88 + 0.75 \left(\frac{a}{W} - 0.50 \right)^2 \right] \sec \frac{\pi a}{2W} \sqrt{\tan \frac{\pi a}{2W}}, \quad 0.25 \leqslant \frac{a}{W} \leqslant 0.75$$

将测定的裂纹失稳扩展的临界载荷 P_Q 及试样断裂后测出的裂纹长度 a 代入式(3.8.2),即可求出 K_I 条件值,记为 K_Q。

需要依据下列规定判断 K_Q 是否为平面应变状态下的 K_{IC},即判断 K_Q 的有效性。当 K_Q 满足下列两个条件时,$K_Q = K_{IC}$。

$$P_{max}/P_Q \leqslant 1.10$$
$$B, a, W - a \geqslant 2.5(K_Q/\sigma_y)^2$$

（3.8.3）

如果试验结果不满足上述条件之一，或两者均不满足，试验结果无效，建议加大试样尺寸重新测定 K_{IC}，尺寸至少应为原试样的 1.5 倍。

以上就是通过试验来测定 K_{IC} 的过程，在前面我们用解析法即 Westergaard 应力函数法和试验方法即柔度法来计算应力强度因子，本节我们用试验得到 K_{IC}，那么我们就可以采用 K 判据来对断裂力学的问题进行研究。

3.8.6　影响断裂韧性 K_{IC} 的主要因素

在断裂力学诞生之前，韧性实验所得的数据通常要受到试样尺寸和形状的影响，因而试样的形状、尺寸的差异导致实验结果在工程应用上存在困难。由于 K_{IC} 是在保证平面应变条件下得到的表征裂纹尖端应力场强度的力学参量的临界值，因而具有严格的物理意义，只要严格地按照规定进行实验，测得的 K_{IC} 就不受试样尺寸和形状的影响，并且可直接应用于工程实际，作为断裂准则和实际依据。

但是 K_{IC} 作为材料常数，当然要随着材料成分、微观组织的变化而变化。通过研究，人们发现下面一些因素会影响 K_{IC} 的值。

1. 温度

金属材料断裂韧性随着温度的降低，有一急剧降低的温度范围（一般在 $-200 \sim 200$ ℃ 范围），如图 3.8.5 所示，低于此温度范围，断裂韧度保持在一个稳定的水平。各种结构钢测得的数据表明，K_{IC} 随温度降低而减小的这种转变温度特性，与试样几何尺寸无关，是材料的固有特性。

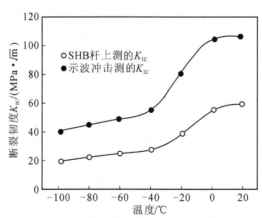

图 3.8.5　断裂韧性 K_{IC} 与温度的关系

2. 应变速率

应变速率对断裂韧性 K_{IC} 的影响与温度相似，增加应变速率和降低温度都增加材料的脆化倾向。实验证实,应变速率每提高一个数量级,断裂韧性将降低 10%。

3. 屈服强度

对于同一种材料,K_{IC} 随着屈服应力 σ_s 的升高而降低。如对于相同化学成分的材料,采用热处理来提高屈服应力,则断裂韧性 K_{IC} 会随着屈服应力 σ_s 的升高而降低。

4. 晶粒尺寸

晶粒愈细,晶界总面积愈大,裂纹顶端附近从产生一定尺寸的塑性区到裂纹扩展所消耗的能量也愈大,因此 K_{IC} 也愈高。细化晶粒还有强化作用,并使冷脆转变温度降低,使材料的强度和韧性同时提高。

5. 夹杂和第二相

夹杂和第二相对材料断裂韧性的作用常与具体的材料体系及其工艺因素有关。因为,夹杂物往往偏析于晶界,导致晶界弱化,增大沿晶界断裂的倾向性,而在晶内分布的夹杂物则常常起着缺陷源的作用。所有这些都使材料的 K_{IC} 值下降。在陶瓷材料中,常利用第二相在基体中形成吸收裂纹扩展能量的机制的设计,提高陶瓷材料的断裂韧性。

6. 裂纹尺寸

一般而言,断裂韧性对材料中的裂纹尺寸不敏感,这一点与强度存在很大不同。强度是材料内部最大缺陷所控制的材料性质参数,对试件的形状和尺寸相当敏感,而断裂韧性是与试件内裂纹尺寸无关的材料特征参数。

习题

3.1　断裂力学有哪三种基本裂纹型式?它们各有什么特点?

3.2　应力强度因子 K_I 和平面应变断裂韧性 K_{IC} 有何异同?

3.3　对于 Ⅰ、Ⅱ、Ⅲ 型情况下裂纹尖端的应力场公式,求 $\theta = 0°, 45°, 90°, 180°$ 处的 $\sigma_x, \sigma_y, \tau_{xy}$ 值。

3.4　从 Ⅰ、Ⅱ、Ⅲ 型裂纹尖端的应力场公式导出主应力公式和极坐标表达式。

3.5　写出 Ⅰ、Ⅱ、Ⅲ 型裂纹应力强度因子用解析函数 $Z(\xi)$ 表示的定义式。

3.6　设有两条 Ⅰ 型裂纹,其中一条裂纹为 $4a$,另一条裂纹为 a,如前者加载到 σ,后者加载到 2σ,它们裂纹尖端附近的应力场是否相同?应力强度因子是否相同?

3.7　Ⅰ、Ⅱ、Ⅲ 型裂纹应力强度因子和能量释放率有什么样的关系?

3.8　应力强度因子判据,即"K 判据"的物理意义是什么?

3.9　线弹性断裂力学的断裂判据和材料力学的强度条件有何异同?

3.10　什么叫柔度法?采用柔度法来确定应力强度因子的过程是什么?

3.11　影响平面应变断裂韧性 K_{IC} 的主要因素有哪些?

第 4 章 复合型裂纹的脆性断裂判据

第 2 章介绍的能量释放率理论和第 3 章介绍的应力强度因子理论都假定裂纹体处于单一型加载的情况,裂纹沿着原裂纹面扩展。在实际工程问题中,由于荷载的不对称、结构的不对称或者裂纹方位的不对称,裂纹的型式也是各种各样的,因此裂纹尖端附近的应力场可能同时存在 I 型、II 型、III 型裂纹应力,这种同时受到两种或两种以上类型裂纹应力作用的裂纹称为复合型裂纹。由于工程实际中复合型裂纹问题的大量存在,因此如何建立复合型裂纹的断裂准则是线弹性断裂力学又一个重要的课题。

通过观察,人们发现复合型裂纹扩展和单一型裂纹扩展主要不同之处在于,裂纹的扩展往往不是沿着原裂纹面方向,而是沿着与原裂纹面成某一角度方向进行,因此,对于复合型裂纹必须解决两个问题:

(1)裂纹开始沿什么方向扩展? 即需要确定开裂角。

(2)裂纹在什么条件下开始扩展? 即要确定临界状态。

为了回答这两个问题,研究者提出了许多种复合型裂纹的脆性断裂理论,这些断裂理论是建立在科学的假设基础之上的,它们的正确与否取决于是否与实际情况相符合。本章重点介绍三种主要的复合型裂纹的脆性断裂理论:最大周向拉应力理论、最大能量释放率理论和应变能密度因子理论。

4.1 最大周向拉应力理论

最大周向拉应力理论是 Erdogan 和 Sih(薛昌明)提出的,该理论有两个基本假设:

(1)以裂纹尖端为圆心,r 为半径画一个小圆(圆形损伤核),在圆周上各点的周向拉应力 σ_θ 不相等,裂纹将沿着最大周向拉应力 $(\sigma_\theta)_{\max}$ 作用的平面扩展,即

$$\frac{\partial \sigma_\theta}{\partial \theta}\bigg|_{\theta=\theta_0} = 0 \qquad \frac{\partial^2 \sigma_\theta}{\partial \theta^2}\bigg|_{\theta=\theta_0} = 0 \qquad (4.1.1)$$

式中:θ_0 为裂纹扩展角,或称开裂角,所指方向即为最大能量释放率 $G_{\max}$ 的方向。

(2)当该方向的最大周向拉应力 $(\sigma_\theta)_{\max}$ 达到临界值 $(\sigma_\theta)_C$ 时,裂纹开始扩展,即

$$(\sigma_\theta)_{\max} = (\sigma_\theta)_C \qquad (4.1.2)$$

以 I-II 复合型裂纹为例,来确定裂纹扩展方向和断裂准则。如图 4.1.1 所示,无限大平板有穿透板厚的斜裂纹,裂纹长度为 $2a$,无穷远处均匀拉伸应力 σ 的方向与裂纹面成夹角 β,明显的,这是一个 I-II 复合型裂纹。

现取裂纹中点为原点,取坐标系 xOy 和 $x'Oy'$ 如图 4.1.1 所示,由于对称关系,只考虑右

边的裂纹端点。

在 xOy 坐标系下,无穷远处的应力分量为

$$\sigma_y = \sigma \qquad \sigma_x = \tau_{xy} = 0 \qquad (4.1.3)$$

利用应力转换公式,在新坐标系 $x'Oy'$ 中,应力分量变为

$$\left.\begin{aligned} \sigma'_y &= \sigma\sin^2\beta \\ \sigma'_x &= \sigma\cos^2\beta \\ \tau'_{xy} &= \sigma\sin\beta\cos\beta \end{aligned}\right\} \qquad (4.1.4)$$

这是Ⅰ-Ⅱ复合型的裂纹问题,Ⅰ型裂纹应力强度因子由 σ'_y 来确定,Ⅱ型裂纹应力强度因子由 τ'_{xy} 确定,σ'_x 对应力强度因子的值不起决定作用。其应力强度因子分别为

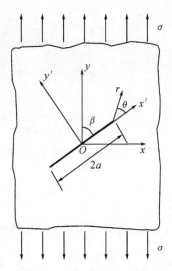

图 4.1.1　斜裂纹受到单向拉伸

$$\left.\begin{aligned} K_{\mathrm{I}} &= \sigma\sin^2\beta\,\sqrt{\pi a} \\ K_{\mathrm{II}} &= \sigma\sin\beta\cos\beta\,\sqrt{\pi a} \end{aligned}\right\} \qquad (4.1.5)$$

根据第 3 章Ⅰ、Ⅱ型裂纹尖端处的应力场计算公式(3.2.26)和式(3.2.45),采用叠加法,可得到Ⅰ-Ⅱ复合型裂纹裂端区的直角坐标形式下应力分量,将其转化为用极坐标来表达的形式。如图 4.1.2 所示,裂纹尖端附近区域一点的应力状态,可以用直角坐标系中的应力分量 σ_y、σ_x、τ_{xy} 来表示,也可以用极坐标系中的应力分量 σ_r、σ_θ、$\tau_{r\theta}$ 来表示,利用弹性力学中应力分量的坐标变换公式,则Ⅰ-Ⅱ复合型裂纹尖端区域极坐标系中的应力分量为

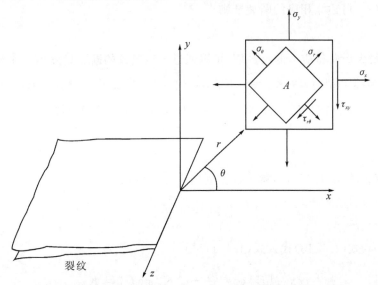

图 4.1.2　裂纹尖端附近应力的直角坐标和极坐标的分量

$$\sigma_r = \frac{1}{2\sqrt{2\pi r}}\left[K_{\text{I}}(3-\cos\theta)\cos\frac{\theta}{2}+K_{\text{II}}(3\cos\theta-1)\sin\frac{\theta}{2}\right]$$

$$\sigma_\theta = \frac{1}{\sqrt{2\pi r}}\cos\frac{\theta}{2}\left[K_{\text{I}}\cos^2\frac{\theta}{2}-\frac{3}{2}K_{\text{II}}\sin\theta\right] \qquad (4.1.6)$$

$$\tau_{r\theta} = \frac{1}{2\sqrt{2\pi r}}\cos\frac{\theta}{2}\left[K_{\text{I}}\sin\theta+K_{\text{II}}(3\cos\theta-1)\right]$$

现将式(4.1.6)中第二式对 θ 求导,则有

$$\frac{\partial\sigma_\theta}{\partial\theta} = \frac{-3}{4\sqrt{2\pi r}}\cos\frac{\theta}{2}\left[K_{\text{I}}\sin\theta+K_{\text{II}}(3\cos\theta-1)\right] \qquad (4.1.7)$$

根据假设(1),令 $\frac{\partial\sigma_\theta}{\partial\theta}=0$,则有

$$\cos\frac{\theta}{2}\left[K_{\text{I}}\sin\theta+K_{\text{II}}(3\cos\theta-1)\right] = 0 \qquad (4.1.8)$$

要使式(4.1.8)成立,则要求 $\cos\frac{\theta}{2}=0$ 或者 $K_{\text{I}}\sin\theta+K_{\text{II}}(3\cos\theta-1)=0$。当 $\cos\frac{\theta}{2}=0$,得 $\theta=\pm\pi$,在裂纹面上无实际意义。因此开裂角决定于如下方程

$$K_{\text{I}}\sin\theta+K_{\text{II}}(3\cos\theta-1) = 0 \qquad (4.1.9)$$

由方程式(4.1.9)所得到的 θ 即为开裂角 θ_0,将 θ_0 代入到 σ_θ 中,即可求 $r=r_0$ 圆周上的最大周向应力为

$$(\sigma_\theta)_{\max} = \frac{1}{\sqrt{2\pi r_0}}\cos\frac{\theta_0}{2}\left[K_{\text{I}}\cos^2\frac{\theta_0}{2}-\frac{3}{2}K_{\text{II}}\sin\theta_0\right] \qquad (4.1.10)$$

根据假设(2),可建立相应的断裂准则

$$(\sigma_\theta)_{\max} = [\sigma_\theta]_{\text{C}} \qquad (4.1.11)$$

式中:$[\sigma_\theta]_{\text{C}}$ 为最大周向拉应力的临界值,可以通过 I 型裂纹的断裂韧度 K_{IC} 来确定:

①当裂纹为纯 I 型时,将 $K_{\text{II}}=0$,$K_{\text{I}}\neq0$ 代入式(4.1.9)中,则有 $\sin\theta=0$,因此开裂角 $\theta_0=0$,裂纹沿原来的方向扩展。将 $K_{\text{II}}=0$,$\theta_0=0$ 代入式(4.1.10)中得到

$$(\sigma_\theta)_{\max} = \frac{K_{\text{I}}}{\sqrt{2\pi r}} \qquad (4.1.12)$$

将 $K_{\text{I}}=K_{\text{IC}}$ 代入式(4.1.12),可得到最大周向应力的临界值为

$$[\sigma_\theta]_{\text{C}} = \frac{K_{\text{IC}}}{\sqrt{2\pi r}} \qquad (4.1.13)$$

现将式(4.1.10)、式(4.1.13)代入式(4.1.11)得

$$\cos\frac{\theta_0}{2}\left[K_{\text{I}}\cos^2\frac{\theta_0}{2}-\frac{3}{2}K_{\text{II}}\sin\theta_0\right] = K_{\text{IC}} \qquad (4.1.14)$$

式(4.1.14)就是按最大周向拉应力理论建立的 I-II 复合型裂纹的断裂准则。

②当裂纹为纯 II 型时,$K_{\text{I}}=0$,$K_{\text{II}}\neq0$,代入式(4.1.9)中,则有

$$K_{\text{II}}(3\cos\theta - 1) = 0 \tag{4.1.15}$$

求解方程(4.1.15),可得开裂角 $\theta_0 = \pm 70°32'$。考虑裂纹扩展时,$K_{\text{II}} = K_{\text{IIc}}$,并将 $K_{\text{I}} = 0$,$\theta_0 = \pm 70°32'$,代入断裂准则式(4.1.14)中,得

$$K_{\text{IIc}} = 0.87 K_{\text{Ic}} \tag{4.1.16}$$

此式说明了 K_{Ic} 和 K_{IIc} 之间的关系。

现在将式(4.1.5)代入到开裂角方程式(4.1.9)得

$$\sin\theta_0 + 3\cot\beta\cos\theta_0 = \cot\beta \tag{4.1.17}$$

当给定裂纹角 β 时,就可由式(4.1.17)确定裂纹的开裂角 θ_0,给出不同 β 值,便得到不同的 θ_0。确定了开裂角 θ_0 之后,与式(4.1.5)的 K_{I}、K_{II} 一起代入式(4.1.14),便可以确定出临界应力

$$\sigma_c = \frac{2K_{\text{Ic}}}{\sqrt{\pi a}\cos\dfrac{\theta_0}{2}\left[(1+\cos\theta_0)\sin^2\beta - 3\sin\theta_0\sin\beta\cos\beta\right]} \tag{4.1.18}$$

4.2 能量释放率理论

用能量释放率的概念来研究复合型裂纹问题的基本思想与纯 I 型裂纹扩展的格里菲斯能量理论的基本思想是相同的,裂纹发生扩展的必要条件是裂端区释放的能量等于形成裂纹面积所需要的能量。两者的主要区别在于:格里菲斯理论中裂纹沿其裂纹面延长线扩展,而在混合型裂纹问题中,除了 I 型和 III 型混合裂纹问题中裂纹沿其延长线扩展外,其余类型的混合型裂纹扩展就不再沿着裂纹面的延长线进行。

最大能量释放率理论又称为 G 判据。帕拉尼斯瓦米(K. Palaniswamy)在 1972 年提出基于以下两个假设来建立混合型裂纹的能量释放率脆断准则:

(1)裂纹将沿着能产生最大能量释放率的方向扩展,即

$$\left.\frac{\partial G}{\partial \theta}\right|_{\theta=\theta_0} = 0, \quad \left.\frac{\partial^2 G}{\partial \theta^2}\right|_{\theta=\theta_0} < 0 \tag{4.2.1}$$

式中:θ_0 为裂纹扩展角,或称开裂角,所指方向即为最大能量释放率 $G_{\max}$ 的方向。

(2)当该方向的能量释放率即最大能量释放率 $G_{\max}$ 达到临界值 G_{C} 时,裂纹开始扩展,即

$$G_{\max} = G_{\text{C}} \tag{4.2.2}$$

对于 I-III 复合型裂纹,实验证明扩展是沿着原裂纹面方向进行的,即开裂角 $\theta_0 = 0$,所以 I-III 复合型裂纹的断裂准则可以写为

$$G_{\max} = G_{\text{I}} + G_{\text{III}} = G_{\text{C}} \tag{4.2.3}$$

在平面应变下,将式(3.5.8)和式(3.5.10)所得到的 G_{I}、G_{III} 与 K_{I}、K_{III} 的关系式,代入式(4.2.3),即有

$$G_{\max} = G_{\text{I}} + G_{\text{III}} = \frac{(1-\nu^2)K_{\text{I}}^2}{E} + \frac{(1+\nu)K_{\text{III}}^2}{E} = G_{\text{C}} \tag{4.2.4}$$

而最大能量释放率的临界值 G_{C} 可以通过 I 型裂纹的断裂韧度 K_{Ic} 来确定。对于纯 I 型

裂纹，$K_{\mathrm{III}}=0$，而 $K_{\mathrm{I}}\neq0$，代入式（4.2.4）即可得到最大能量释放率的临界值 G_{C}，即为

$$G_{\mathrm{C}} = \frac{1-\nu^2}{E}K_{\mathrm{I}\mathrm{C}}^2 \tag{4.2.5}$$

将式（4.2.5）中 G_{C} 与 $K_{\mathrm{I}\mathrm{C}}$ 关系代入式（4.2.4）中，即得

$$\frac{(1-\nu^2)K_{\mathrm{I}}^2}{E} + \frac{(1+\nu)K_{\mathrm{III}}^2}{E} = \frac{1-\nu^2}{E}K_{\mathrm{I}\mathrm{C}}^2 \tag{4.2.6}$$

整理，即得

$$K_{\mathrm{I}}^2 + \frac{1}{1-\nu}K_{\mathrm{III}}^2 = K_{\mathrm{I}\mathrm{C}}^2 \tag{4.2.7}$$

式（4.2.7）就是 I-III 复合型裂纹的最大能量释放率的断裂准则。

如果是纯 III 型裂纹，此时 $K_{\mathrm{I}}=0$，当裂纹扩展时，$K_{\mathrm{III}}=K_{\mathrm{III}\mathrm{C}}$，代入式（4.2.7）中，得到 $K_{\mathrm{III}\mathrm{C}}$ 与 $K_{\mathrm{I}\mathrm{C}}$ 之间的关系如下

$$K_{\mathrm{III}\mathrm{C}} = \sqrt{1-\nu}K_{\mathrm{I}\mathrm{C}} \tag{4.2.8}$$

当 $\nu=0.3$ 时，$K_{\mathrm{III}\mathrm{C}}=0.84K_{\mathrm{I}\mathrm{C}}$。

对于 I-II 或 I-II-III 复合型裂纹，裂纹扩展不是沿着原裂纹面方向进行，纽斯曼（Nuismer）利用连续性假设研究了能量释放率与最大周向拉应力之间的关系。

现假设沿 $\theta=\theta_0$ 方向产生支裂纹，长度为 $\bar{a}$，其有关的坐标系如图 4.2.1 所示。（为区别支裂纹和原裂纹，在有关支裂纹各量的符号上均加一横线。）

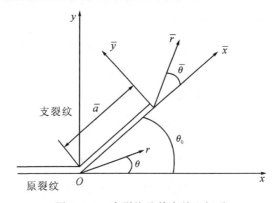

图 4.2.1 支裂纹及其有关坐标系

平面应变下，裂纹沿本身平面扩展时的能量释放率由式（3.5.8）、式（3.5.9）和式（3.5.10）给出，即

对于纯 I 型裂纹：
$$G_{\mathrm{I}} = \frac{(1-\nu^2)K_{\mathrm{I}}^2}{E}$$

对于纯 II 型裂纹：
$$G_{\mathrm{II}} = \frac{(1-\nu^2)K_{\mathrm{II}}^2}{E}$$

对于 I-II 复合型裂纹，沿本身平面扩展时的能量释放率

$$G_0 = G_I + G_{II} = \frac{1-\nu^2}{E}(K_I^2 + K_{II}^2) \quad （沿裂纹面方向扩展） \qquad (4.2.9)$$

则支裂纹沿本身平面扩展时的能量释放率为

$$\overline{G}_0 = \frac{1-\nu^2}{E}(\overline{K}_I^2 + \overline{K}_{II}^2) \qquad (4.2.10)$$

式中：$\overline{K}_I$、$\overline{K}_{II}$ 分别为支裂纹的应力强度因子。

令 $\overline{a} \to 0$，假设支裂纹尖端的应力场趋近于扩展开始前原有裂纹尖端应力场，即

$$\lim_{\overline{a} \to 0} \overline{\sigma}_{\overline{y}} = \sigma_\theta \big|_{\theta=\theta_0} \qquad \lim_{\overline{a} \to 0} \overline{\tau}_{\overline{xy}} = \tau_{r\theta} \big|_{\theta=\theta_0} \qquad (4.2.11)$$

由式(3.2.26)第二式，当 $\theta \to 0$ 时，有

$$\sigma_y = \frac{K_I}{\sqrt{2\pi r}}$$

若用应力的极限来定义 I 型裂纹应力强度因子，则有

$$K_I = \lim_{r \to 0} \sqrt{2\pi r}\, \sigma_y \big|_{\theta=0} \qquad (4.2.12)$$

同理可得 II 型裂纹应力强度因子为

$$K_{II} = \lim_{r \to 0} \sqrt{2\pi r}\, \tau_{xy} \big|_{\theta=0} \qquad (4.2.13)$$

仿照式(4.2.12)和式(4.2.13)可得支裂纹尖端应力强度因子为

$$\left. \begin{aligned} \overline{K}_I &= \lim_{\overline{r} \to 0} \sqrt{2\pi \overline{r}}\, \overline{\sigma}_{\overline{y}} \big|_{\overline{\theta}=0} \\ \overline{K}_{II} &= \lim_{\overline{r} \to 0} \sqrt{2\pi \overline{r}}\, \overline{\tau}_{\overline{xy}} \big|_{\overline{\theta}=0} \end{aligned} \right\} \qquad (4.2.14)$$

当支裂纹长度 $\overline{a} \to 0$ 时，利用式(4.2.11)的关系、式(4.2.14)和极坐标下裂纹尖端区域应力场公式(4.1.6)，可得支裂纹应力强度因子的起始值为

$$\left. \begin{aligned} \overline{K}_{I0} &= \lim_{\overline{a} \to 0} \overline{K}_I = \lim_{\substack{\overline{r} \to 0 \\ \overline{a} \to 0}} \sqrt{2\pi \overline{r}}\, \overline{\sigma}_{\overline{y}} \big|_{\overline{\theta}=0} = \lim_{\overline{r} \to 0} \sqrt{2\pi \overline{r}}\, \sigma_\theta \big|_{\theta=\theta_0} \\ &= \cos\frac{\theta_0}{2}\Big[K_I \cos^2\frac{\theta_0}{2} - \frac{3}{2}K_{II} \sin\theta_0\Big] \\ \overline{K}_{II0} &= \lim_{\overline{a} \to 0} \overline{K}_{II} = \lim_{\substack{\overline{r} \to 0 \\ \overline{a} \to 0}} \sqrt{2\pi \overline{r}}\, \overline{\tau}_{\overline{xy}} \big|_{\overline{\theta}=0} = \lim_{\overline{r} \to 0} \sqrt{2\pi \overline{r}}\, \tau_{r\theta} \big|_{\theta=\theta_0} \\ &= \frac{1}{2}\cos\frac{\theta_0}{2}\big[K_I \sin\theta_0 + K_{II}(3\cos\theta_0 - 1)\big] \end{aligned} \right\} \qquad (4.2.15)$$

根据式(4.2.9)可以把原有裂纹沿 $\theta = \theta_0$（支裂纹方向）的方向开始扩展时的能量释放率表达为

$$G_{\theta_0} = \frac{1-\nu^2}{E}(\overline{K}_{I0}^2 + \overline{K}_{II0}^2) \qquad (4.2.16)$$

式中：$\overline{K}_{I0}$ 和 $\overline{K}_{II0}$ 由式(4.2.15)得出。可见，当材料一定时，裂纹起始扩展的能量释放率完全决定于原有裂纹尖端的应力状态和扩展所取的路径。

根据假设(1),裂纹扩展方向要满足下列方程

$$\frac{\partial G_{\theta_0}}{\partial \theta_0} = \frac{2(1-\nu^2)}{E}(\overline{K}_{\mathrm{I}0}\frac{\partial \overline{K}_{\mathrm{I}0}}{\partial \theta_0} + \overline{K}_{\mathrm{II}0}\frac{\partial \overline{K}_{\mathrm{II}0}}{\partial \theta_0}) = 0 \tag{4.2.17}$$

现将式(4.2.15)代入式(4.2.17),则有

$$(\sigma_\theta \frac{\partial \sigma_\theta}{\partial \theta} + \tau_{r\theta} \frac{\partial \tau_{r\theta}}{\partial \theta})\Big|_{\theta=\theta_0} = 0 \tag{4.2.18}$$

又由式(4.1.6)可以得出

$$\frac{\partial \sigma_\theta}{\partial \theta} = -\frac{3}{2}\tau_{r\theta} \tag{4.2.19}$$

将式(4.2.19)代入式(4.2.12)中有

$$\left[\tau_{r\theta}(\frac{\partial \tau_{r\theta}}{\partial \theta} - \frac{3}{2}\sigma_\theta)\right]_{\theta=\theta_0} = 0 \tag{4.2.20}$$

求解式(4.2.20),有

$$(\frac{\partial \tau_{r\theta}}{\partial \theta} - \frac{3}{2}\sigma_\theta)\Big|_{\theta=\theta_0} = 0 \quad \text{或} \quad \tau_{r\theta}\Big|_{\theta=\theta_0} = 0 \tag{4.2.21}$$

由$(\frac{\partial \tau_{r\theta}}{\partial \theta} - \frac{3}{2}\sigma_\theta)\Big|_{\theta=\theta_0} = 0$,有

$$K_{\mathrm{I}}\cos\frac{\theta_0}{2} - K_{\mathrm{II}}\sin\frac{\theta_0}{2} = 0 \tag{4.2.22}$$

求解方程(4.2.22),有

$$\frac{\theta_0}{2} = \arctan\frac{K_{\mathrm{I}}}{K_{\mathrm{II}}} \tag{4.2.23}$$

代入式(4.2.15),再利用式(4.2.16)求得原有裂纹沿 $\theta=\theta_0$(支裂纹方向)的方向开始扩展时的能量释放率为

$$G_{\theta_0} = \frac{1-\nu^2}{E}(\frac{K_{\mathrm{II}}^4}{K_{\mathrm{I}}^2 + K_{\mathrm{II}}^2}) \tag{4.2.24}$$

将式(4.2.9)中的 G_0 和式(4.2.24)中的 G_{θ_0} 相比较,可得

$$G_0 > G_{\theta_0} \tag{4.2.25}$$

这表明,由式(4.2.23)所给定的 θ_0,不能使 G_{θ_0} 达到最大值,故在确定裂纹扩展方向时应舍去这个解。现在裂纹扩展起始方向要满足下面方程的解

$$\tau_{r\theta}\big|_{\theta=\theta_0} = 0 \tag{4.2.26}$$

由式(4.2.19)知,当 $\tau_{r\theta}\big|_{\theta=\theta_0} = 0$ 时,$\frac{\partial \sigma_\theta}{\partial \theta}\Big|_{\theta=\theta_0} = 0$,可见,按能量释放率理论推测的裂纹扩展的起始方向就是最大周向拉应力理论所确定的 θ_0 方向。在这个方向上,周向应力 σ_θ 取得最大值,同时,在这个方向上能量释放率也达到最大值,而剪应力 $\tau_{r\theta}$ 等于零。现在将式(4.2.26)代入式(4.2.15)得出

$$\overline{K}_{\text{II}0} = \lim_{\overline{r} \to 0} \sqrt{2\pi\overline{r}} \, \tau_{r\theta} \Big|_{\theta=\theta_0} = 0 \qquad (4.2.27)$$

将式(4.2.27)代入式(4.2.16)中,有

$$G_{\max} = G_{\theta_0} = \frac{1-\nu^2}{E} \overline{K}_{\text{I}0}^2 \qquad (4.2.28)$$

式中:$\overline{K}_{\text{I}0}$由式(4.2.15)给定。

　　根据第二个假设,当最大能量释放率达到临界值时,裂纹开始扩展,由此建立相应的断裂准则

$$G_{\max} = G_{\text{C}} \qquad (4.2.29)$$

式中:最大能量释放率的临界值 G_{C} 可以通过 I 型裂纹的断裂韧度 $K_{\text{I}\text{C}}$ 来确定。

　　由于 I 型裂纹的开裂角 $\theta_0 = 0$,因此,将 $K_{\text{II}} = 0$,$K_{\text{I}} = K_{\text{I}\text{C}}$,$\theta_0 = 0$ 代入式(4.2.28),可得到最大能量释放率的临界值 G_{C}

$$G_{\text{C}} = \frac{1-\nu^2}{E} K_{\text{I}\text{C}}^2 \quad \text{(平面应变)} \qquad (4.2.30)$$

　　利用式(4.2.28)和式(4.2.30)可以将公式(4.2.29)改写成

$$\overline{K}_{\text{I}0} = K_{\text{I}\text{C}} \qquad (4.2.31)$$

用 $\overline{K}_{\text{I}0}$ 计算时,将式(4.2.15)中的第一式代入到上式,可以得到最大能量释放率理论建立的断裂准则

$$\cos\frac{\theta_0}{2} \left[K_{\text{I}} \cos^2\frac{\theta_0}{2} - \frac{3}{2} K_{\text{II}} \sin\theta_0 \right] = K_{\text{I}\text{C}} \qquad (4.2.32)$$

对比公式(4.2.32)和公式(4.1.14),可以看出它与最大周向拉应力理论建立的断裂准则完全相同。

　　工程上对于失稳断裂有更简便的判据:如果带裂纹的平板具有 I - II - III 三种载荷而形成的复合型裂纹时,由式(3.5.8)、式(3.5.9)和式(3.5.10)可得总的能量释放率为

$$G = G_{\text{I}} + G_{\text{II}} + G_{\text{III}} = \frac{K_{\text{I}}^2}{E_1} + \frac{K_{\text{II}}^2}{E_1} + \frac{(1+\nu)K_{\text{III}}^2}{E} \qquad (4.2.33)$$

通过式(4.2.33)计算得到的 G 值要比实际的 $G_{\max}$ 小,如用平面应变 $G_{\text{I}\text{C}}$ 来代替 G_{C},则工程上可采用的断裂判据一般为

$$G \geqslant G_{\text{I}\text{C}} \qquad (4.2.34)$$

式(4.2.34)中的 G 由式(4.2.33)来决定。实验证明,式(4.2.34)的判据对于 I - II 复合型来说,一般是偏于安全的。对于 I - II 复合型来说,此时 $K_{\text{III}} = 0$,$G_{\text{I}\text{C}} = K_{\text{I}\text{C}}^2 / E_1$,代入式(4.2.34),则有

$$\frac{K_{\text{I}}^2}{E_1} + \frac{K_{\text{II}}^2}{E_1} \geqslant \frac{K_{\text{I}\text{C}}^2}{E_1} \qquad (4.2.35)$$

整理上式

$$K_{\text{I}}^2 + K_{\text{II}}^2 \geqslant K_{\text{I}\text{C}}^2 \qquad (4.2.36)$$

再保守一点,可取

$$K_{\text{I}} + K_{\text{II}} \geqslant K_{\text{I}\text{C}} \qquad (4.2.37)$$

式(4.2.36)和式(4.2.37)两个判据可用图 4.2.2 来表示,前者在圆内是安全的,后者则在三角形内是安全的,从图中可见,后者比前者更为保守。为了更精确地表达断裂判据,工程上对上两式提出了一个修正式,即 $K_{\mathrm{I}}+\alpha K_{\mathrm{II}}=K_{\mathrm{IC}}$。

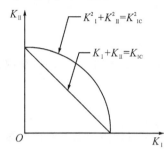

图 4.2.2　工程复合型断裂判据

4.3　应变能密度因子理论

应变能密度因子理论是 Sih(薛昌明)在 1973 年基于应变能密度场的概念而提出的,该理论计算简单,适用性广,与一些脆性断裂实验吻合得较好。

弹性体受力后要发生变形,同时在其内部储存了应变能,单位体积的应变能称之为应变能密度,对于线弹性体,应变能密度

$$W = \frac{1}{2E}(\sigma_x^2 + \sigma_y^2 + \sigma_z^2) - \frac{\nu}{E}(\sigma_x\sigma_y + \sigma_y\sigma_z + \sigma_z\sigma_x) + \frac{1}{2\mu}(\tau_{xy}^2 + \tau_{yz}^2 + \tau_{zx}^2) \quad (4.3.1)$$

式中:E 为弹性模量;ν 为泊松比;μ 为剪切弹性模量。

现考虑受到 I、II、III 三种载荷中的任一种或两种以上载荷的作用。裂纹尖端附近区域任一点的应力场为 I、II、III 型裂纹尖端附近的应力的叠加,其表达式为

$$
\left.
\begin{aligned}
\sigma_x &= \frac{K_{\mathrm{I}}}{\sqrt{2\pi r}}\cos\frac{\theta}{2}\left(1 - \sin\frac{\theta}{2}\sin\frac{3\theta}{2}\right) - \frac{K_{\mathrm{II}}}{\sqrt{2\pi r}}\sin\frac{\theta}{2}\left(2 + \cos\frac{\theta}{2}\cos\frac{3\theta}{2}\right) \\
\sigma_y &= \frac{K_{\mathrm{I}}}{\sqrt{2\pi r}}\cos\frac{\theta}{2}\left(1 + \sin\frac{\theta}{2}\sin\frac{3\theta}{2}\right) + \frac{K_{\mathrm{II}}}{\sqrt{2\pi r}}\sin\frac{\theta}{2}\cos\frac{\theta}{2}\cos\frac{3\theta}{2} \\
\sigma_z &= \begin{cases} 0 & \text{(平面应力)} \\ \nu(\sigma_x + \sigma_y) & \text{(平面应变)} \end{cases} \\
\tau_{xy} &= \frac{K_{\mathrm{I}}}{\sqrt{2\pi r}}\sin\frac{\theta}{2}\cos\frac{\theta}{2}\cos\frac{3\theta}{2} + \frac{K_{\mathrm{II}}}{\sqrt{2\pi r}}\cos\frac{\theta}{2}\left(1 - \sin\frac{\theta}{2}\sin\frac{3\theta}{2}\right) \\
\tau_{yz} &= \frac{K_{\mathrm{III}}}{\sqrt{2\pi r}}\cos\frac{\theta}{2} \\
\tau_{zx} &= -\frac{K_{\mathrm{III}}}{\sqrt{2\pi r}}\sin\frac{\theta}{2}
\end{aligned}
\right\} \quad (4.3.2)
$$

考虑平面应变时,将式(4.3.2)代入应变能密度公式(4.3.1)中得到

$$W = \frac{1}{r}(a_{11}K_{\mathrm{I}}^2 + 2a_{12}K_{\mathrm{I}}K_{\mathrm{II}} + a_{22}K_{\mathrm{II}}^2 + a_{33}K_{\mathrm{III}}^2) \tag{4.3.3}$$

式中各系数分别为

$$
\left.
\begin{aligned}
a_{11} &= \frac{1}{16\pi\mu}(3 - 4\nu - \cos\theta)(1 + \cos\theta) \\
a_{12} &= \frac{1}{16\pi\mu}2\sin\theta(\cos\theta - 1 + 2\nu) \\
a_{22} &= \frac{1}{16\pi\mu}\left[4(1 - \nu)(1 - \cos\theta) + (1 + \cos\theta)(3\cos\theta - 1)\right] \\
a_{33} &= \frac{1}{4\pi\mu}
\end{aligned}
\right\} \tag{4.3.4}
$$

从式(4.3.3)和式(4.3.4)可以看出,裂纹尖端附近区域的应变能密度不仅依赖于材料的弹性常数,而且还是极角 θ 的函数,现在令

$$S = a_{11}K_{\mathrm{I}}^2 + 2a_{12}K_{\mathrm{I}}K_{\mathrm{II}} + a_{22}K_{\mathrm{II}}^2 + a_{33}K_{\mathrm{III}}^2 \tag{4.3.5}$$

则式(4.3.3)可以表达为

$$W = \frac{S}{r} \tag{4.3.6}$$

式中:S 为应变能密度因子,是描述裂纹尖端附近区域应变能密度场强度的一个参量,单位为 $\mathrm{N \cdot m^{-1}}$。应变能密度因子的值不仅取决于 K_{I}、K_{II} 和 K_{III},而且与 θ 有关,因此,应变能密度因子描述了裂纹尖端核心区域周围各点应变能密度的变化规律。

当 $r \to 0$ 时,应力、应变均趋于无限大,因此,为了避开裂纹的尖端点,考虑距离裂纹尖端 $r = r_0$ 的微小区域以外的应变能密度。

Sih 提出基于以下两个假设来建立复合型裂纹的应变能密度因子脆断准则。

(1)裂纹扩展的方向为应变能密度因子的一个局部极小值的方向,即:

$$\left.\frac{\partial S}{\partial \theta}\right|_{\theta=\theta_0} = 0, \qquad \left.\frac{\partial^2 S}{\partial \theta^2}\right|_{\theta=\theta_0} > 0 \tag{4.3.7}$$

式中:θ_0 为裂纹扩展角。

(2)当应变能密度因子极小值 $S_{\min} = S(\theta_0)$ 达到或超过某一临界值 S_{C} 时,就会发生失稳断裂。

应变能密度因子 S 是一个力学参数,它与外载、裂纹物体的几何形状,包括裂纹的情况以及材料的某些性质有关,而且是幅角的函数,是推动裂纹扩展的动力。临界值 S_{C} 是材料常数,是表示断裂韧性的参数,是阻止裂纹扩展的阻力,可以由 I 型裂纹断裂问题中材料的断裂韧度 K_{IC} 值来确定。

当裂纹为纯 I 型时,$K_{\mathrm{II}} = 0$,$K_{\mathrm{III}} = 0$,代入式(4.3.5)中得到应变能密度因子为

$$S = a_{11}K_{\mathrm{I}}^2 = \frac{1}{16\pi\mu}(3 - 4\nu - \cos\theta)(1 + \cos\theta)K_{\mathrm{I}}^2 \tag{4.3.8}$$

将上式代入式(4.3.7)中的$\frac{\partial S}{\partial \theta}=0$中,得到$\theta_0=0$。考虑裂纹扩展时$K_{\mathrm{I}}=K_{\mathrm{I}\mathrm{c}}$,将$\theta_0=0$和

$K_{\mathrm{I}}=K_{\mathrm{I}\mathrm{c}}$代入到上式中,所得到的$S$就是材料相应的临界值$S_{\mathrm{c}}$,即

$$S_{\mathrm{c}}=S\Big|_{\theta=0}=\frac{1}{16\pi\mu}(3-4\nu-1)(1+1)K_{\mathrm{I}\mathrm{c}}^2=\frac{1}{4\pi\mu}(1-2\nu)K_{\mathrm{I}\mathrm{c}}^2 \tag{4.3.9}$$

当裂纹为纯Ⅱ型时,$K_{\mathrm{I}}=0$,$K_{\mathrm{III}}=0$,代入式(4.3.5)中得到应变能密度因子为

$$S=a_{22}K_{\mathrm{II}}^2=\frac{1}{16\pi\mu}\big[4(1-\nu)(1-\cos\theta)+(1+\cos\theta)(3\cos\theta-1)\big]K_{\mathrm{II}}^2$$

将上式代入式(4.3.7)中的$\frac{\partial S}{\partial \theta}=0$中,有

$$\frac{\partial S}{\partial \theta}=\frac{K_{\mathrm{II}}^2}{8\pi\mu}\sin\theta(1-2\nu-3\cos\theta)=0$$

求解上式得

$$\theta=0 \text{ 或 } \theta=\arccos\frac{1-2\nu}{3}$$

分别将$\theta=0$和$\theta=\arccos\frac{1-2\nu}{3}$代入式(4.3.7)第二式$\frac{\partial^2 S}{\partial \theta^2}$中有:

当$\theta=0$时,$\frac{\partial^2 S}{\partial \theta^2}<0$,此时$S$有极大值,不满足式(4.3.7);

当$\theta=\arccos\frac{1-2\nu}{3}$时,$\frac{\partial^2 S}{\partial \theta^2}>0$,此时$S$有极小值,满足式(4.3.7),故开裂角为

$$\theta_0=\arccos\frac{1-2\nu}{3} \tag{4.3.10}$$

将式(4.3.10)代入式(4.3.5)得到纯Ⅱ型最小应变能密度因子

$$S_{\min}=\frac{1}{12\pi\mu}(2-2\nu-\nu^2)K_{\mathrm{II}}^2$$

当裂纹扩展时,$K_{\mathrm{II}}=K_{\mathrm{II}\mathrm{c}}$,$S_{\min}=S_{\mathrm{c}}$,代入到上式再考虑式(4.3.9)有

$$S_{\min}=\frac{K_{\mathrm{II}\mathrm{c}}^2}{12\pi\mu}(2-2\nu-\nu^2)=S_{\mathrm{c}}=\frac{1-2\nu}{4\pi\mu}K_{\mathrm{I}\mathrm{c}}^2$$

由此得到

$$K_{\mathrm{II}\mathrm{c}}=\sqrt{\frac{3(1-2\nu)}{2-2\nu-\nu^2}}K_{\mathrm{I}\mathrm{c}} \tag{4.3.11}$$

当裂纹为纯Ⅲ型时,$K_{\mathrm{I}}=0$,$K_{\mathrm{II}}=0$,此时式(4.3.5)为

$$S=a_{33}K_{\mathrm{III}}^2=\frac{K_{\mathrm{III}}^2}{4\pi\mu}$$

由上式可以看出,对于纯Ⅲ型裂纹,应变能密度因子S不随极角变化。当裂纹扩展时,$K_{\mathrm{III}}=K_{\mathrm{III}\mathrm{c}}$,$S_{\min}=S_{\mathrm{c}}$,代入上式,再考虑式(4.3.9)有

$$\frac{1-2\nu}{4\pi\mu}K_{\mathrm{I}\mathrm{c}}^2=\frac{K_{\mathrm{III}\mathrm{c}}^2}{4\pi\mu}$$

此时有
$$K_{\text{III}c} = \sqrt{(1-2\nu)} K_{\text{I}c} \qquad (4.3.12)$$

例 4.1 图示薄壁容器内径为 $2R$,壁厚为 t,抗拉强度 $\sigma_b = 2058$ MPa,钢材的断裂韧度 $K_{\text{I}c} = 44$ MPa $\cdot \sqrt{\text{m}}$,在容器壁上有一长度为 $2a$ 的裂纹,裂纹与周向应力间的夹角为 β,试确定容器的许用内压力 p_c。

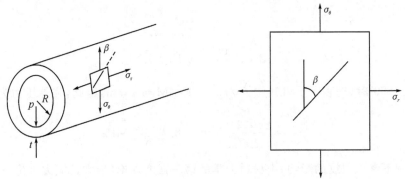

例题 4.1 图

解: 由材料力学知,周向应力 σ_θ 和轴向应力 σ_r 分别为
$$\sigma_\theta = \frac{pR}{t}, \qquad \sigma_r = \frac{pR}{2t}$$

利用斜截面的应力公式可得裂纹位置处的应力
$$\begin{cases} \sigma = \dfrac{\sigma_r + \sigma_\theta}{2} + \dfrac{\sigma_r - \sigma_\theta}{2}\cos(-2\beta) = \dfrac{pR}{2t}(1 + \sin^2\beta) \\[2mm] \tau = \dfrac{\sigma_r - \sigma_\theta}{2}\sin(-2\beta) = \dfrac{pR}{2t}\sin\beta\cos\beta \end{cases}$$

由此可见这是一个 I-II 复合型裂纹问题,由于容器相对于裂纹尺寸很大,因此,可以按"无限大"板考虑,其应力强度因子的表达式为
$$K_{\text{I}} = \sigma\sqrt{\pi a} = \frac{pR}{2t}\sqrt{\pi a}(1 + \sin^2\beta)$$

$$K_{\text{II}} = \tau\sqrt{\pi a} = \frac{pR}{2t}\sqrt{\pi a}\sin\beta\cos\beta$$

现在将 K_{I} 和 K_{II} 代入式(4.3.6)中,得应变能密度因子为
$$S = (\frac{pR}{2t})^2 \pi a F(\beta, \theta)$$

其中
$$F(\beta, \theta) = a_{11}(1 + \sin^2\beta)^2 + a_{12}(1 + \sin^2\beta)\sin 2\beta + a_{22}\sin^2\beta\cos^2\beta$$

式中:系数 a_{11}、a_{12}、a_{22} 由式(4.3.4)给出。对于不同的 β 值,可以算出相应开裂角 θ_0 的值。如取 $\nu = 0.25$,其结果见表 4.1。

表 4.1 裂纹角与开裂角的关系

β	0°	10°	20°	30°	40°	50°	60°	70°	80°	90°
θ_0	0°	17.20°	26.04°	29.36°	29.47°	37.38°	23.44°	17.60°	9.64°	0°

将开裂角 θ_0 的值代入相应应变能密度因子的表达式 $S=(\frac{pR}{2t})^2\pi aF(\beta,\theta)$ 中,便得到最小应变能密度因子 $S_{\min}$,根据断裂准则 $S_{\min}=S_C$,可求得对应的临界力 p_C,即

$$S_C = (\frac{p_C R}{2t})^2 \pi a F(\beta,\theta_0)$$

由此可得

$$\frac{p_C R}{2t}\sqrt{\pi a} = \sqrt{\frac{S_C}{F(\beta,\theta_0)}}$$

当 $\nu=0.25,\beta=60°$ 时,查表 4.1 可知 $\frac{p_C R}{2t}\sqrt{\pi a}=24.3$ MPa $\cdot\sqrt{\mathrm{m}}$,因此,临界压力为

$$p_C = \frac{2t\times 24.3}{R\sqrt{\pi a}} = 548.4(\frac{t}{R})\ \mathrm{MPa}$$

如果本例不考虑裂纹的影响,由材料力学的第一强度理论(最大拉应力理论)可知,当最大拉应力 $\sigma_1=\sigma_b$ 时,容器中的压力值达到临界值 p_C,即

$$\frac{p_C R}{t} = \sigma_b$$

将抗拉强度 $\sigma_b=2058$ MPa 代入上式得

$$p_C = \frac{t\sigma_b}{R} = 2058(\frac{t}{R})\ \mathrm{MPa}$$

比较两种结果,可以看出采用材料力学的强度理论计算与断裂力学理论计算的结果相差 275%。所以,对于有裂纹存在的结构,要充分考虑裂纹对结构的影响。

习题

4.1　一根受扭转力矩 T 作用的圆管,半径为 R,厚度为 t,在圆管上有一长为 $2a$ 的斜裂纹,且与管轴线夹角为 β,试用最大周向拉应力理论确定该管的临界力和临界裂纹尺寸。(提示:因 $R\gg t$ 可知薄壁圆管的扭转切应力 $\tau=\dfrac{T}{2\pi R^2 t}$)

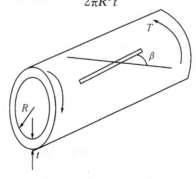

习题 4.1 图

4.2　无限大平板有穿透板厚的斜裂纹,裂纹长度为 $2a$,无穷远处均匀拉伸应力 σ 的方向与裂纹面的夹角为 β,若板材的断裂韧度 K_{Ic} 已知,试按应变能密度因子理论确定开裂角和临界拉应力。

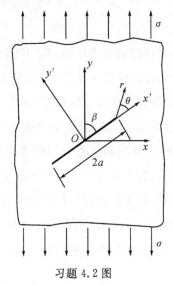

习题 4.2 图

4.3　复合型裂纹能量释放率理论与纯 I 型裂纹扩展的能量释放率理论有什么异同?

第 5 章 弹塑性断裂力学的基本理论

线弹性断裂力学把裂纹体看成理想的线弹性体,利用线弹性理论基础和方法进行力学分析,使其理论和实验技术迅速发展,并已在脆性断裂、疲劳等方面得到应用,但其仍有一定的局限性。由于裂尖附近应力集中,必出现塑性区,若塑性区比裂纹尺寸小得多,属小范围屈服情况,可认为塑性区对弹性应力场影响不大,那么应力强度因子(或经修正)可用于表征裂尖附近应力场强度,并建立相应裂纹失稳扩展准则。但对于很多金属结构,如中低强度钢制成的构件,由于其韧度较高,裂纹在扩展前,裂尖附近塑性区尺寸已接近甚至超出裂纹尺寸,这类断裂就属于大范围屈服断裂问题。另外,如压力容器的接管部位,由于存在很高的局部应力和焊接残余应力,使得裂纹尖端区域材料处于全面屈服阶段,在这种高应变的塑性区中,较小的裂纹也能扩展而引起断裂,这类问题属于全面屈服断裂问题。大范围屈服断裂和全面屈服断裂均属于弹塑性断裂力学研究范围。

弹塑性断裂力学的任务是:在大范围屈服下,确定能定量描述裂纹尖端区域弹塑性应力、应变场强度的参量,以便利用理论建立起这些参量与裂纹几何特性、外加载荷之间的关系,通过试验来测定它们,并最后建立便于工程应用的断裂准则。

目前弹塑性断裂准则应用最多的就是 CTOD 断裂判据和 J 积分准则,本章将重点介绍这两个准则及其应用。

5.1 Irwin 对裂端塑性区的估计及小范围屈服时塑性区的修正

第 3 章线弹性断裂力学指出,裂纹尖端区的应力场随 $r^{-1/2}$ 而变化,当 $r\rightarrow0$ 时,即趋近于裂纹端点时,可得无限大应力。但实际上,对于一般金属材料,应力无限大是不可能的,当应力超过材料的屈服强度,将发生塑性变形,在裂纹尖端将出现塑性区。塑性区内的应力是有界的,其大小与外荷载、裂纹长度和材料的屈服强度等有关。对脆性材料,塑性很小时,线弹性断裂力学的分析结果和应力强度因子的观念完全适用,不必修正;当塑性区尺寸比较可观时,则必须给予一定的修正,才能应用线弹性断裂力学的结果;而当塑性区尺寸过大时,线弹性断裂理论是否适用就成了问题,此时线弹性力学的理论已不再适用,亦即用应力强度因子来衡量裂端应力场的强度这个观念已不可靠,必须用弹塑性力学的计算理论来研究,并据此寻找表征裂端应力应变场强度的新力学参量。此外,塑性区的尺寸与消耗的塑性变形功有关,由于断裂是裂纹的扩展过程,裂纹扩展所需的能量主要是消耗于塑性变形功,材料的塑性区尺寸越大,消耗的塑性变形功越大,材料的断裂韧度 K_{1C} 相应地也就越大。

基于以上的原因,我们必须讨论不同应力状态的塑性区以及塑性区尺寸由哪些因素决定。

　　Irwin 首先对裂端塑性区的尺寸进行了初步的估计。假设裂纹是 Ⅰ 型的,则裂纹尖端附近的应力场为式(3.2.26),现将式(3.2.26)代入材料力学中有关主应力的计算公式中,则裂纹尖端附近区域的主应力为

$$\left.\begin{array}{l}\sigma_1 = \dfrac{\sigma_x + \sigma_y}{2} + \sqrt{\left(\dfrac{\sigma_x - \sigma_y}{2}\right)^2 + \tau_{xy}^2} = \dfrac{K_{\mathrm{I}}}{\sqrt{2\pi r}}\cos\dfrac{\theta}{2}\left(1 + \sin\dfrac{\theta}{2}\right) \\[3mm] \sigma_2 = \dfrac{\sigma_x + \sigma_y}{2} - \sqrt{\left(\dfrac{\sigma_x - \sigma_y}{2}\right)^2 + \tau_{xy}^2} = \dfrac{K_{\mathrm{I}}}{\sqrt{2\pi r}}\cos\dfrac{\theta}{2}\left(1 - \sin\dfrac{\theta}{2}\right) \\[3mm] \sigma_3 = \begin{cases} 0 & (\text{平面应力}) \\[2mm] 2\nu\dfrac{K_{\mathrm{I}}}{\sqrt{2\pi r}}\cos\dfrac{\theta}{2} & (\text{平面应变}) \end{cases}\end{array}\right\} \tag{5.1.1}$$

式中:σ_1、σ_2 和 σ_3 为主应力,由 Mises 屈服准则,材料在三向应力状态下的屈服条件为

$$(\sigma_1 - \sigma_2)^2 + (\sigma_2 - \sigma_3)^2 + (\sigma_3 - \sigma_1)^2 = 2\sigma_s^2 \tag{5.1.2}$$

式中:σ_s 为材料在单向拉伸时的屈服极限。将主应力公式(5.1.1)代入 Mises 屈服条件式(5.1.2)中,便可得到裂纹尖端塑性区的边界方程,即

$$r = \frac{1}{2\pi}\left(\frac{K_{\mathrm{I}}}{\sigma_s}\right)^2\left[\cos^2\frac{\theta}{2}\left(1 + 3\sin^2\frac{\theta}{2}\right)\right] \qquad (\text{平面应力})$$
$$r = \frac{1}{2\pi}\left(\frac{K_{\mathrm{I}}}{\sigma_s}\right)^2\left[\cos^2\frac{\theta}{2}\left((1 - 2\nu)^2 + 3\sin^2\frac{\theta}{2}\right)\right] \quad (\text{平面应变}) \tag{5.1.3}$$

式(5.1.3)即为裂纹尖端塑性区的边界曲线方程。根据以上两式可以画出塑性区的形状,如图 5.1.1 所示,在裂纹延长线上(即在 $\theta = 0$ 的 x 轴上),塑性区边界到裂纹尖端的距离为

$$r_0 = \frac{1}{2\pi}\left(\frac{K_{\mathrm{I}}}{\sigma_s}\right)^2 \qquad (\text{平面应力})$$
$$r_0 = \frac{(1 - 2\nu)^2}{2\pi}\left(\frac{K_{\mathrm{I}}}{\sigma_s}\right)^2 \quad (\text{平面应变}) \tag{5.1.4}$$

　　从式(5.1.4)可以看出,塑性区尺寸 r_0 正比于 K_{I} 的平方,当 K_{I} 增加,r_0 也增加;但反比于材料屈服强度 σ_s 的平方,材料的屈服强度 σ_s 越高,塑性区的尺寸越小,从而其断裂韧性也越低。

　　对于式(5.1.4),如果取 $\nu = 0.3$,则有

$$r_0 = \frac{1}{2\pi}\left(\frac{K_{\mathrm{I}}}{\sigma_s}\right)^2 \qquad (\text{平面应力})$$
$$r_0 = \frac{0.16}{2\pi}\left(\frac{K_{\mathrm{I}}}{\sigma_s}\right)^2 \quad (\text{平面应变}) \tag{5.1.5}$$

　　比较式(5.1.5)中的两公式,可以看出,在 $\theta = 0$ 的裂纹线上,平面应变状态下的塑性区仅为平面应力状态下塑性区尺寸的 16%,平面应变状态下的塑性区远小于平面应力状态下的塑性区。这是因为在平面应变状态下,沿板厚方向的弹性约束使裂纹尖端材料处于三向拉应力作用下,此时不易发生塑性变形,其有效屈服应力 σ_{ys}(即屈服时的最大应力)高于单向拉伸屈

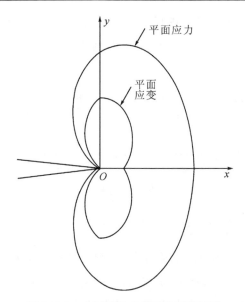

图 5.1.1 Ⅰ型裂纹尖端塑性区的形状

服应力 σ_s。为了反映塑性约束的程度,常引入塑性约束这一概念,它是有效屈服应力 σ_{ys} 与单向拉伸屈服应力 σ_s 之比,用 $L = \sigma_{ys}/\sigma_s$ 来表示。

考虑塑性约束情况下,在裂纹延长线上(即在 $\theta = 0$ 的 x 轴上),塑性区边界到裂纹尖端的距离变为

$$r_0 = \frac{1}{2\pi}\left(\frac{K_{\text{I}}}{\sigma_s}\right)^2 \qquad \text{(平面应力)}$$

$$r_0 = \frac{1}{4\sqrt{2}\pi}\left(\frac{K_{\text{I}}}{\sigma_s}\right)^2 \quad \text{(平面应变)}$$

(5.1.6)

以上结论没有考虑应力松弛的结果,即是在弹性状态下得到的结论。事实上,在塑性区内,由于材料发生塑性变形,会使塑性区中的应力重新分布而引起应力松弛,塑性区域进而扩大。由式(3.2.26)知,在 $\theta = 0$ 的裂纹线上,裂纹尖端附近的应力分量随 r 而变化,即

$$\sigma_y \mid_{\theta=0} = \frac{K_{\text{I}}}{\sqrt{2\pi r}}$$

(5.1.7)

裂纹尖端处应力 σ_y 沿 x 轴的变化用虚线 DBC 示于图 5.1.2 中,σ_{ys} 为材料的有效屈服强度,当弹性应力超过 σ_{ys},便产生塑性变形。图中 DB 段为塑性区,BC 段为弹性区,对应的塑性区的尺寸为 r_0。

考虑到应力 σ_y 重新分布后,净截面上的应力总和与外力平衡,由于 DB 段下降到 AB 段,即下降到有效屈服应力的水平(裂纹尖端区域发生屈服时,按理想塑性材料考虑,最大应力 $\sigma_y = \sigma_{ys}$),因而,BC 段应力水平相应地增加,其中,一部分将升到 σ_{ys},故考虑应力松弛后 σ_y 的分布规律变为 $ABEF$ 线,塑性区的尺寸将由 $AB(r_0)$ 扩大为 $AE(R)$,这就是应力松弛现象。

根据应力松弛前后净截面上的总内力相等这一条件,可以确定应力松弛后裂纹尖端的塑

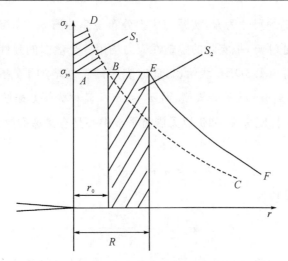

图 5.1.2　应力松弛后塑性区的尺寸

性尺寸：即曲线 DBC 与坐标轴所围成的面积应等于 $ABEF$ 线与坐标轴所围成的面积。再考虑 BC 和 EF 均代表的是弹性应力场应力变化规律，可以认为它们的曲线形状相同，曲线下的面积近似相等，所以有 DB 段下的面积和 ABE 段下的面积相等，最终要求图中阴影部分的面积 S_1 等于面积 S_2，即

$$\sigma_{ys} R = \int_0^{r_0} \sigma_y \mid_{\theta=0} \mathrm{d}x \tag{5.1.8}$$

对式(5.1.8)进行计算得

$$\sigma_{ys} R = \int_0^{r_0} \sigma_y \mid_{\theta=0} \mathrm{d}x = \int_0^{r_0} \frac{K_I}{\sqrt{2\pi r}} \mathrm{d}r = \frac{2K_I}{\sqrt{2\pi}} r_0^{\frac{1}{2}} \tag{5.1.9}$$

将式(5.1.6)中的 r_0 代入到上式中并有 $\sigma_{ys} = \sigma_s$，得

$$R = \frac{1}{\pi} (\frac{K_I}{\sigma_s})^2 \qquad （平面应力）$$
$$R = \frac{1}{2\sqrt{2}\pi} (\frac{K_I}{\sigma_s})^2 \quad （平面应变） \tag{5.1.10}$$

从式(5.1.10)的两个公式可以看出，无论是平面应力问题还是平面应变问题，考虑应力松弛后的塑性区的尺寸在 $\theta=0$ 的 x 轴上均扩大了一倍。

　　欧文(Irwin)认为，如果裂纹尖端塑性区尺寸 r 远小于裂纹尺寸 a，即 $r/a<0.1$，这时称为小范围屈服，在这种情况下，只要将线弹性断裂力学得出的公式稍加修正，就可以获得工程上可以接受的结果。基于这种想法，欧文提出等效模型概念。

　　因为裂纹尖端的弹性应力超过材料的屈服强度之后，便产生应力松弛，应力松弛可以有两种方式：一种是通过塑性变形，上面讲的使塑性区扩大便是这种方式；另一种方式则是通过裂纹扩展，当裂纹扩展了一小段距离后，同样可使裂纹尖端的应力集中得以松弛。既然这两种应力松弛的方式是等效的，为了计算应力强度因子 K_I 值，可以设想发生应力松弛后，裂纹尖端

附近的塑性区在 x 轴上的尺寸为 R，实际的应力分布规律如图 5.1.3$ABEF$ 线所示。现假设将裂纹尖端向右移动到 O' 点，把实际的弹塑性应力场用一个虚拟的弹性应力场代替。虚拟的弹性应力分布规律由图 5.1.3DEF 线给出，此时裂纹的长度增加了，由原来的长度 a 增加到 $a'=a+r_0$，这一模型就是 Irwin 等效模型，而 $a'=a+r_0$ 就称为等效裂纹长度。

对于这个等效裂纹长度来说，如仍以无限宽平板中心具有穿透裂纹为例，其应力强度因子应该为

$$K'_{\mathrm{I}} = \sigma[\pi(a+r_0)]^{1/2} \tag{5.1.11}$$

而裂纹线上的应力分量则为

$$\sigma'_y\big|_{\theta=0} = \frac{K'_{\mathrm{I}}}{\sqrt{2\pi r'}}$$

式中：r' 为以裂纹尖端 O' 为原点的坐标，即 $r'=R-r_0$，如图 5.1.3 所示。

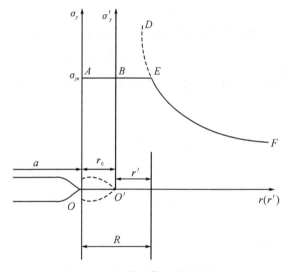

图 5.1.3 塑性区修正方法示意图

因为塑性区和应力强度因子是紧密相关的，塑性区修正了，应力强度因子 K'_{I} 已不是原来的 K_{I} 了，也要跟着修正，通常用逐次逼近法。计算过程如下：

对于无限宽平板中心穿透裂纹的 I 型裂纹问题，考虑塑性修正后，等效应力强度因子 K'_{I} 的表达式为式(5.1.11)，分别将式(5.1.6)中关于平面应变和平面应力条件下 r_0 的表达式代入并整理得到第一次修正的 K'_{I}，此时 r_0 公式中的 K_{I} 已不是原始 K_{I} 值，而是 K'_{I}，即

$$
\begin{aligned}
K'_{\mathrm{I}} &= \frac{\sigma(\pi a)^{1/2}}{\left[1-\dfrac{1}{2}\left(\dfrac{\sigma}{\sigma_s}\right)^2\right]^{1/2}} \quad （平面应力）\\[3mm]
K'_{\mathrm{I}} &= \frac{\sigma(\pi a)^{1/2}}{\left[1-\dfrac{1}{4\times 2^{1/2}}\left(\dfrac{\sigma}{\sigma_s}\right)^2\right]^{1/2}} \quad （平面应变）
\end{aligned}
\tag{5.1.12}
$$

综上所述，对无限宽平板中心有穿透裂纹的情况来说，为保证小范围屈服，线弹性断裂力

学的有效,其塑性区尺寸 r 和裂纹长度 a 相比要小于 1/10,或者工作应力与材料屈服强度相比要小于 1/2,这时应力强度因子的相对误差小于 7%,在工程允许的精度范围。对于常用的三点弯曲试样或紧凑拉伸试样,$r/a < 1/15\pi$ 才能保证应力强度因子的近似解,其相对误差小于 7%。

5.2 裂纹尖端的张开位移(CTOD)

1965 年 Wells(威尔斯)在大量实验的基础上,提出裂纹尖端的张开位移(CTOD)理论。实验与分析表明,裂纹体受载后,裂纹尖端附近存在的塑性区将导致裂纹尖端的表面张开,这个张开量就称为裂纹尖端的张开位移,通常用 δ 来表示。Wells 认为:当裂纹尖端的张开位移 δ 达到材料的临界值 δ_c 时,裂纹即发生失稳扩展。

对于 CTOD 准则,需要解决三个方面的问题:

(1)要找出裂纹尖端的张开位移 δ 与裂纹几何尺寸、外加荷载之间的关系式,即 δ 的计算公式。

(2)实验测定材料的张开位移的临界值 δ_c。

(3)CTOD 准则的工程应用。

5.2.1 Irwin 小范围屈服条件下的 CTOD

在讨论小范围屈服的塑性区修正时,Irwin 曾引入了有效裂纹长度,这意味着为考虑塑性区的影响,可以设想把原裂尖 O 移至 O',如图 5.2.1 所示,于是,当以有效裂尖 O' 作为裂尖时,原裂尖 O 发生了张开位移,它就是 Irwin 小范围屈服条件下的 CTOD。

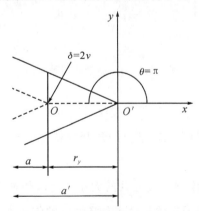

图 5.2.1 裂纹尖端的张开位移

平面应力条件下,由位移公式(3.2.13a)可得 I 型裂纹沿 y 方向的位移

$$v = \frac{K_I}{E} \sqrt{\frac{2r}{\pi}} \sin \frac{\theta}{2} \left[2 - (1+\nu)\cos^2 \frac{\theta}{2} \right] \tag{5.2.1}$$

以 O' 作为裂尖时,原裂尖 O 处($\theta=\pi, r=r_y=\dfrac{1}{2\pi}(\dfrac{K_{\mathrm{I}}}{\sigma_s})^2$)沿 y 方向的张开位移为

$$\delta = 2v\Big|_{r=r_y=\frac{1}{2\pi}(\frac{K_{\mathrm{I}}}{\sigma_s})^2}^{\theta=\pi} = \frac{4}{\pi}\frac{K_{\mathrm{I}}^2}{E\sigma_s} = \frac{4}{\pi}\frac{G_{\mathrm{I}}}{\sigma_s} \tag{5.2.2}$$

式(5.2.2)即为 Irwin 小范围屈服下的裂纹尖端张开位移 CTOD。

5.2.2　D-B 带状塑性区模型的 CTOD

Dugdale 和 Barenblatt 分别通过对中心裂纹薄板拉伸的实验研究,提出了裂纹尖端塑性区呈现尖劈带状特征的假设(简称 D-B 模型),如图 5.2.2(a)所示。

D-B 模型假设:裂纹尖端区域的塑性区沿裂纹线两边延伸呈尖劈带状,塑性区的材料为理想塑性状态,整个裂纹和塑性区周围仍为广大的弹性区所包围,如果取消塑性区,塑性区与弹性区交界面上作用有均匀分布的屈服应力 σ_s,σ_s 指向是使塑性区裂纹闭合,如图 5.2.2(b)所示。

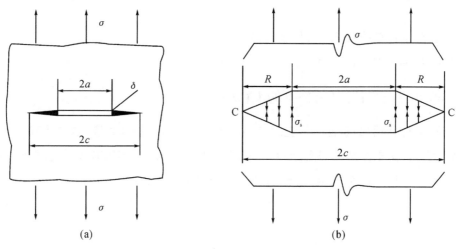

图 5.2.2　D-B 带状屈服模型

该模型认为,在远场均匀拉应力作用下裂纹长度从 $2a$ 延伸到 $2c$,屈服尺寸 $R=c-a$,当以带状屈服区尖端 C 为裂尖时,原裂纹的端点的张开量就是 D-B 带状模型下的裂纹尖端张开位移。

下面首先确定 D-B 带状模型下塑性区的大小 R。假想地把塑性区挖去,则在弹性和塑性区界面上用屈服应力 σ_s 代替原来的塑性区对弹性区的作用力,得到一个如图 5.2.2(b)所示的裂纹长度为 $2c$,远场应力 σ 和近场应力 σ_s 作用的完全的弹性场。此时 C 点处的应力强度因子 $K_{\mathrm{I}}^{\mathrm{C}}$ 由两部分组成,一部分是远场拉应力 σ 产生的 K_{I}^{σ},另一部分是由塑性区域部位的裂纹面所受到均匀拉应力 σ_s 所产生的 $K_{\mathrm{I}}^{\sigma_s}$,三者之间的关系为

$$K_{\mathrm{I}}^{\mathrm{C}} = K_{\mathrm{I}}^{\sigma} + K_{\mathrm{I}}^{\sigma_s} \tag{5.2.3}$$

式中：$K_I^\sigma = \sigma\sqrt{\pi c}$，$K_I^{\sigma_s} = -\dfrac{2\sigma_s\sqrt{\pi c}}{\pi}\arccos(\dfrac{a}{c})$。此外，由于 C 点实际上是塑性区的端点，应力无奇异性，故有 $K_I^C = 0$，代入式(5.2.3)中，有

$$\sigma\sqrt{\pi c} - \frac{2\sigma_s\sqrt{\pi c}}{\pi}\arccos(\frac{a}{c}) = 0 \tag{5.2.4}$$

即可得
$$a = c\cos\frac{\pi\sigma}{2\sigma_s} \tag{5.2.5}$$

由于塑性区尺寸 $R = c - a$，故将式(5.2.5)代入并整理有

$$R = a(\sec\frac{\pi\sigma}{2\sigma_s} - 1) \tag{5.2.6}$$

将 $\sec\dfrac{\pi\sigma}{2\sigma_s} - 1$ 按级数展开，并当 σ/σ_s 较小时，得到 R 的近似表达式为

$$R = \frac{a}{2}(\frac{\pi\sigma}{2\sigma_s})^2 \tag{5.2.7}$$

考虑到无限大平板中心有穿透裂纹时，$K_I = \sigma\sqrt{\pi a}$，故式(5.2.7)变为

$$R = \frac{\pi}{8}(\frac{K_I}{\sigma_s})^2 \approx 0.39(\frac{K_I}{\sigma_s})^2 \tag{5.2.8}$$

比较式(5.2.8)和 Irwin 小范围屈服下平面应力的塑性区尺寸 $R = \dfrac{1}{\pi}(\dfrac{K_I}{\sigma_s})^2 \approx 0.318(\dfrac{K_I}{\sigma_s})^2$，D-B模型塑性区尺寸稍大，但是由于塑性区端点应力无奇异性，已不能用应力强度因子来描述失稳扩展，而将采用裂纹尖端张开位移这个参量。

D-B 模型裂纹尖端张开位移 δ（计算过程太复杂，这里不作推导）为

$$\delta = \frac{8\sigma_s}{\pi E}\ln[\sec(\frac{\pi\sigma}{2\sigma_s})] \tag{5.2.9}$$

从表达式看，当 $\sigma \to \sigma_s$ 时，$\delta \to \infty$，故式(5.2.9)不适合全面屈服状态，一般认为当 $\sigma/\sigma_s \leqslant 0.6$ 时，与实验结果吻合较好。

将公式(5.2.9)中的 $\ln[\sec(\dfrac{\pi\sigma}{2\sigma_s})]$ 展成幂级数形式，有

$$\delta = \frac{8\sigma_s a}{\pi E}\left[\frac{1}{2}\left(\frac{\pi\sigma}{2\sigma_s}\right)^2 + \frac{1}{12}\left(\frac{\pi\sigma}{2\sigma_s}\right)^4 + \cdots\right] \tag{5.2.10}$$

当 $\sigma \ll \sigma_s$，即塑性区为广大的弹性区所包围的小范围屈服情况时，可只取首项，故有

$$\delta = \frac{8\sigma_s a}{\pi E}\left[\frac{1}{2}\left(\frac{\pi\sigma}{2\sigma_s}\right)^2\right] = \frac{\sigma^2\pi a}{E\sigma_s} \tag{5.2.11}$$

因为 $K_I = \sigma\sqrt{\pi a}$，$\dfrac{K_I^2}{E} = G_I$，所以有

$$\delta = \frac{\sigma^2\pi a}{E\sigma_s} = \frac{K_I^2}{E\sigma_s} = \frac{G_I}{\sigma_s} \tag{5.2.12}$$

式(5.2.12)即表示小范围屈服条件下 D-B 带状模型下裂纹尖端张开位移 δ 与应力强度

因子 K_{I}、能量释放率 G_{I} 之间的关系,与 Irwin 小范围屈服下所得的结果式(5.2.2)形式类似,只是系数稍有不同。

必须注意:D－B 带状模型分析的适用条件:

(1)针对平面应力情况下的无限大平板中心有贯穿裂纹的问题进行研究。

(2)引入了弹性假设,使计算分析比较简单,一般适用于 $\sigma/\sigma_\mathrm{s} \leqslant 0.6$ 的情况。

(3)假设塑性区材料为理想塑形(无硬化),区域为带状(条状)(非鱼尾状)。

5.2.3　全面屈服情况下 CTOD 的计算

在工程结构或压力容器中,一些管道或焊接部件常会发生短裂纹在全面屈服($\sigma \geqslant \sigma_\mathrm{s}$)下扩展而导致断裂破坏,对于这种全面屈服情况,荷载的微小变化都会引起应变和 CTOD 的很大变化,故在大应变情况下,已不宜用应力作为断裂分析的依据,需要引入应变这一物理量,即需寻求应力 σ 与应变 e、裂纹几何特征和材料性能之间的关系。

现在引入无量纲 CTOD,$\varphi = \delta/2\pi e_\mathrm{s} a$(其中 e_s 是相应于材料屈服应力 σ_s 的屈服应变)与应变比 e/e_s 之间的关系来确定裂纹容限和安全选材的计算依据。

实际应用时,为保证安全,提出以下几种经验设计曲线作为确定裂纹容限和安全选材的计算依据。

Wells 公式:

$$\begin{cases} \varphi = \left(\dfrac{e}{e_\mathrm{s}}\right)^2 & \left(\dfrac{e}{e_\mathrm{s}} \leqslant 1\right) \\[3mm] \varphi = \left(\dfrac{e}{e_\mathrm{s}}\right) & \left(\dfrac{e}{e_\mathrm{s}} > 1\right) \end{cases} \tag{5.2.13}$$

Burderkin 公式:

$$\begin{cases} \varphi = \left(\dfrac{e}{e_\mathrm{s}}\right)^2 & \left(\dfrac{e}{e_\mathrm{s}} \leqslant 0.5\right) \\[3mm] \varphi = \left(\dfrac{e}{e_\mathrm{s}} - 0.25\right) & \left(\dfrac{e}{e_\mathrm{s}} > 0.5\right) \end{cases} \tag{5.2.14}$$

JWES2805 标准:

$$\delta = 3.5ea \quad \text{或} \quad \varphi = 0.5\left(\dfrac{e}{e_\mathrm{s}}\right) \tag{5.2.15}$$

我国 1984 年制定的《压力容器缺陷评定规范(CVDA)》中设计曲线规定:

$$\begin{cases} \varphi = \left(\dfrac{e}{e_\mathrm{s}}\right)^2 & \left(\dfrac{e}{e_\mathrm{s}} \leqslant 1\right) \\[3mm] \varphi = \dfrac{1}{2}\left[\left(\dfrac{e}{e_\mathrm{s}}\right) + 1\right] & \left(\dfrac{e}{e_\mathrm{s}} > 1\right) \end{cases} \tag{5.2.16}$$

5.2.4　CTOD 判据的工程应用

CTOD 判据主要用于塑性较好的中、低强度钢,特别是压力容器和管道,当把平面贯穿裂纹的断裂力学公式用于压力容器和管道时,还需进行一些修正,主要有以下几种。

1. 鼓胀效应修正

对于圆筒容器曲面上的贯穿裂纹,由于器壁受内压力,使裂纹向外鼓胀,在裂纹根部产生附加力矩,使有效作用应力增大,因此用平板公式计算 δ 时,应在工作应力中引入如下扩大系数 M

$$M = \left(1 + \alpha \frac{a^2}{Rt^2}\right)^{\frac{1}{2}} \tag{5.2.17}$$

式中:a 为裂纹半长度;R 为容器半径;t 为壁厚;α 为

$$\alpha = \begin{cases} 1.61 & (\text{圆筒的轴向裂纹}) \\ 0.32 & (\text{圆筒的环向裂纹}) \\ 1.93 & (\text{球形裂纹}) \end{cases}$$

2. 等效贯穿裂纹换算

对于压力容器上的表面或深埋裂纹,要换算为等效贯穿裂纹。这里按 K 因子等效进行换算。

非贯穿裂纹:

$$K_{\mathrm{I}} = \alpha\sigma \sqrt{\pi a} = \sigma \sqrt{\pi(\alpha^2 a)} = \sigma \sqrt{\pi \bar{a}}$$

无限大板中心贯穿裂纹:

$$K_{\mathrm{I}} = \sigma \sqrt{\pi a}$$

比较以上两式,按照 K_{I} 等效原则,非贯穿裂纹的 K_{I} 和无限大板中心贯穿裂纹 K_{I} 相等,则计算可知等效贯穿裂纹长度 $\bar{a}$ 为

$$\bar{a} = \alpha^2 a \tag{5.2.18}$$

3. 考虑加工硬化

如果考虑加工硬化,则可用流变应力 σ_{f} 代替屈服应力 σ_{s}。当为低碳钢时,$\sigma_{\mathrm{s}} = 200 \sim 400$ MPa,一般取

$$\sigma_{\mathrm{f}} = \frac{1}{2}(\sigma_{\mathrm{s}} + \sigma_{\mathrm{b}}) \tag{5.2.19}$$

综合考虑上述修正,则 D-B 模型的 δ 的计算公式在工程应用中变为

$$\delta = \frac{8\sigma_{\mathrm{f}}\bar{a}}{\pi E} \ln \sec\left[\frac{\pi(M\sigma)}{2\sigma_{\mathrm{f}}}\right] \tag{5.2.20}$$

5.3 J 积分理论

CTOD 参量及判据虽然能够简单有效地解决实际问题,并在中、低强度钢焊接结构和压力容器断裂安全分析中得到了广泛应用,但 CTOD 并不是一个直接的严密的裂纹尖端弹塑性

应力应变场的表征参量。本节要介绍的 J 积分却是这样一个场参量，J 积分是弹塑性断裂力学的另一个十分重要的参量，和线弹性断裂力学中的应力强度因子一样，它既能描述裂纹尖端区域应力应变场的强度，又容易通过试验来测定。

　　J 积分是一个定义明确、理论严密的应力应变场参量。J 积分有两种定义：一是回路积分定义，即由围绕裂纹尖端周围区域的应力、应变和位移场所组成的围线积分给出，从而使 J 积分具有场强度的性质，它不仅适用于线弹性体，也适用于弹塑性体，但是由于 J 积分是一个平面积分，故它只能用于二维问题分析。J 积分的另一种定义是形变功率定义，即由外加载荷通过施力点位移对试样所做的形变功率给出，这使得 J 积分易于通过实验由外加载荷所做的形变功来测定。

　　1968 年，Rice(赖斯)提出了 J 积分理论，以 J 积分为参数并建立断裂准则。对于二维问题，Rice 提出 J 积分的回路积分为

$$J = \int_C W \mathrm{d}x_2 - T_i \frac{\partial u_i}{\partial x_1} \mathrm{d}s \quad (i = 1, 2) \tag{5.3.1}$$

　　如图 5.3.1 所示，式中：C 为围绕裂纹尖端任一逆时针回路，起始端位于裂纹下表面，末端终于裂纹上表面；W 为回路 C 上任一点的应变能密度；T_i 为回路 C 上任一点处的应力分量；u_i 为回路上任一点处的位移分量；$\mathrm{d}s$ 为回路上的弧元。

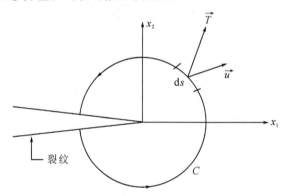

图 5.3.1　裂纹尖端 J 积分的回路

　　Rice 经过推导，严格证明了在满足不计体力、小应变以及单调加载条件下，J 积分数值是一个与积分路径无关的常数，即具有守恒性。也就是说，J 积分就像线弹性问题中的 K 因子一样，反映了裂纹尖端的某种力学特性或应力应变场强度，同时，在分析中有可能避开裂纹尖端这个难以直接严密分析的区域。

　　J 积分的形变功率定义：对于含裂纹的弹性体和简单加载的弹塑性体，J 积分就是当裂纹长度改变一个单位长度时，每单位厚度势能的改变量，即

$$J = -\frac{\partial V}{\partial a} \tag{5.3.2}$$

式中：V 为单位厚度试样的势能。式(5.3.1)和式(5.3.2)就是有关 J 积分的两种定义。J 积

分的回路积分不仅适用于弹塑性体,也适用于线弹性体。对于线弹性体,J 积分守恒成立的几个条件(不计体力,小应变,单调加载)是自然具备的,因此 J 积分理论也可以用来分析线弹性平面断裂问题。

由 J 积分的回路积分式(5.3.1),线弹性状态平面应变条件下,应变能密度为

$$W = \frac{1+\nu}{2E}[(1-\nu)(\sigma_{11}^2 + \sigma_{22}^2) - 2\nu\sigma_{11}\sigma_{22} + 2\sigma_{12}^2] \tag{5.3.3}$$

将 Ⅰ 型裂纹尖端区域的应力分量表达式(3.2.26)代入上式,注意这时 $\sigma_{11} = \sigma_x$,$\sigma_{22} = \sigma_y$,$\sigma_{12} = \tau_{xy}$,整理化简得

$$W = \frac{K_{\mathrm{I}}^2}{2\pi r}\frac{1+\nu}{E}\cos^2\frac{\theta}{2}(1 - 2\nu + \sin^2\frac{\theta}{2}) \tag{5.3.4}$$

现取积分回路为一个以裂尖为中心、半径为 r 的圆周,如图 5.3.2 所示,并考虑式(5.3.4),则可求得式(5.3.1)的第一项积分为

$$\int_C W\mathrm{d}x_2 = \int_{-\pi}^{\pi} Wr\cos\theta\mathrm{d}\theta = \frac{K_{\mathrm{I}}^2(1+\nu)(1-2\nu)}{4E} \tag{5.3.5}$$

其次,如图 5.3.2 所示,$\bar{n}$ 为外法线单位向量,n_1,n_2 为 $\bar{n}$ 在 x 方向和 y 方向的投影,C 上微弧元 $\mathrm{d}s$ 处的小三角形有平衡条件

$$\begin{aligned} T_1 &= \sigma_{11}n_1 + \sigma_{12}n_2 \\ T_2 &= \sigma_{21}n_1 + \sigma_{22}n_2 \end{aligned} \tag{5.3.6}$$

式中:$n_1 = \cos\theta$,$n_2 = \sin\theta$。将 Ⅰ 型裂纹尖端区域的应力分量表达式(3.2.26)代入上式有

$$\begin{aligned} T_1 &= \frac{K_{\mathrm{I}}^2}{\sqrt{2\pi r}}\cos\frac{\theta}{2}(\frac{3}{2}\cos\theta - \frac{1}{2}) \\ T_2 &= \frac{K_{\mathrm{I}}^2}{\sqrt{2\pi r}}\cos\frac{\theta}{2}(\frac{3}{2}\sin\theta) \end{aligned} \tag{5.3.7}$$

现将 Ⅰ 型裂纹尖端区域的位移分量表达式(3.2.27)和式(5.3.7)代入式(5.3.1)的第二项积分中,并考虑 $\frac{\partial}{\partial x_1} = \cos\theta\frac{\partial}{\partial r} - \frac{\sin\theta}{r}\frac{\partial}{\partial \theta}$,经简化整理可得

$$\int_C T_i\frac{\partial u_i}{\partial x_1}\mathrm{d}s = \int_{-\pi}^{\pi}(T_1\frac{\partial u_1}{\partial x_1} + T_2\frac{\partial u_2}{\partial x_1})r\mathrm{d}\theta = \frac{-K_{\mathrm{I}}^2(1+\nu)(3-2\nu)}{4E} \tag{5.3.8}$$

将式(5.3.5)和式(5.3.8)代入式(5.3.1)中,即可得

$$J = \int_C W\mathrm{d}x_2 - T_i\frac{\partial u_i}{\partial x_1}\mathrm{d}s = \frac{K_{\mathrm{I}}^2(1-\nu^2)}{E} = G_{\mathrm{I}} \tag{5.3.9}$$

式(5.3.9)显示了在线弹性状态下 J 积分与应力强度因子 K_{I} 以及裂纹扩展能量释放率 G_{I} 之间的关系。可以认为,J 积分与 G 的物理意义相同。此关系在平面应力时也成立。对于 Ⅱ 型裂纹或 Ⅲ 型裂纹,就线弹性体来说,类似的关系仍然存在。可见,对于断裂力学来说,J 积分是一个普遍适用的参量。

不过,严格地说,除了 Ⅰ 型裂纹可以沿原方向扩展,Ⅱ 型和 Ⅲ 型裂纹往往不沿着原方向扩

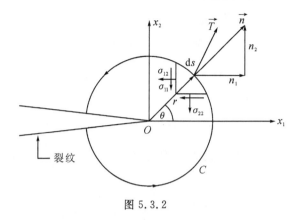

图 5.3.2

展，因此Ⅱ型和Ⅲ型裂纹的 J 积分值和能量释放率一样，也是近似值。

　　当裂纹尖端点的塑性区较小时，虽然塑性区内的应力场和位移场均不清楚，但塑性区外仍可用弹性体的理论来近似地表达，J、G、K 之间的关系仍然成立。当裂纹尖端点的塑性区较大时，应力强度因子已不再能表达裂端应力场的强度，线弹性力学给出的应力场和位移场在塑性区外一样不适用，关于 J、G、K 之间的关系式不再成立，此时 J 积分就是衡量有塑性变形时裂端区应力应变场强度的力学参量。对于弹塑性断裂问题，J 积分和 δ 都是可用的参量，那么它们之间有何种联系呢？

　　下面我们就分别在小范围屈服和 D–B 模型两种情况下推导 J 积分和裂纹尖端张开位移 CTOD 之间的关系。

1. 小范围屈服

以平面应力为例，在小范围屈服下有

$$J = G_{\mathrm{I}} = \frac{K_{\mathrm{I}}^2}{E}$$

若利用 Irwin 提出的小范围屈服下的 CTOD 计算公式，即式(5.2.2)，则

$$\delta = \frac{4}{\pi} \frac{G_{\mathrm{I}}}{\sigma_{\mathrm{s}}} = \frac{4}{\pi} \frac{J}{\sigma_{\mathrm{s}}} \tag{5.3.10}$$

或

$$J = \frac{\pi}{4} \sigma_{\mathrm{s}} \delta \tag{5.3.11}$$

2. D–B 模型

　　D–B 模型是一个弹性化的模型，带状屈服区为广大弹性区所包围，满足 J 积分守恒条件。选屈服区边界 ABD 作为积分回路 C（如图 5.3.3 所示），由于路径 AB 和 BD 均平行于 x_1 轴，固有 $\mathrm{d}x_2 = 0$，而 $\mathrm{d}s = \mathrm{d}x_1$，作用在路径上的 T_i 在路径 AB 段上为 $T_2 = \sigma_{\mathrm{s}}$，在路径 BD 段上为 $T_2 = -\sigma_{\mathrm{s}}$，路径上的位移 u_i，就是沿着 2 方向的 $u_2 = v$，将以上的相关结果代入式(5.3.1) 中，有

$$J = \int_C W \mathrm{d}x_2 - T_i \frac{\partial u_i}{\partial x_1} \mathrm{d}s = - \int_{AB} T_2 \frac{\partial v}{\partial x_1} \mathrm{d}x_1 - \int_{BD} T_2 \frac{\partial v}{\partial x_1} \mathrm{d}x_1$$

$$= - \sigma_s v \big|_A^B + \sigma_s v \big|_B^D = \sigma_s (v_A - v_B + v_D - v_B) = \sigma_s (v_A + v_D)$$

$$= \sigma_s \delta \tag{5.3.12}$$

式(5.3.11)和式(5.3.12)给出了 J 积分和裂纹尖端张开位移(CTOD)之间的关系。在公式(5.3.12)中，σ_s 表示裂端前的屈服应力，所以，延性断裂判据自然就可以建立在 J 积分理论的基础上。

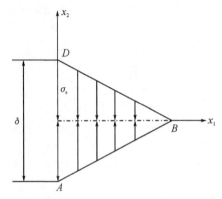

图 5.3.3　D-B 模型积分回路

　　严格来说，J 积分的线路无关性是建立在裂纹尾迹不发生卸载的情况下，然而，延性断裂通常有启裂、稳定扩展和失稳扩展三个阶段，裂纹扩展时裂纹尾迹不免发生局部卸载，因此 J 积分判据用作启裂判据是完全正确的，但是用来预测失稳扩展则尚须加一些限制。通常 J 积分断裂准则是：当围绕裂纹尖端的 J 积分达到临界值 J_C 时，即

$$J = J_C$$

时，裂纹开始扩展。裂纹扩展分为稳定和不稳定两种形式。对于稳定的缓慢扩展，上式代表开裂条件；对于不稳定的快速扩展，上式代表裂纹的失稳条件。

　　以上就是 J 积分的理论，与 CTOD 准则相比，J 积分准则理论根据严密，定义明确，但 J 积分在计算和实验上较复杂，只适用于裂纹的开裂，且不允许卸载，而裂纹稳定扩展时有局部卸载，故不能用于稳定扩展情况。CTOD 准则理论计算比较简单，应用于焊接结构和压力容器的断裂安全分析上，非常有效，加上 δ_c 的测量方法简单，工程上应用较为普遍，所以在实际中多采用 CTOD 准则。

习题

　5.1　小范围屈服指的是什么情况？线弹性断裂力学的理论公式能否应用？如何应用？

　5.2　应力松弛对裂纹尖端塑性区尺寸有何影响？

　5.3　为什么要讨论塑性区尺寸？

5.4 小范围屈服条件下的裂纹尖端张开位移(CTOD)是如何定义的?

5.5 D-B带状模型的适用条件是什么?

5.6 为什么裂纹尖端张开位移(CTOD)和 J 积分可用来描述弹塑性裂纹问题? 二者之间有何联系?

第6章 疲劳与裂纹扩展

零件或构件由于交变载荷的反复作用,在它所承受的交变应力尚未达到静强度设计的许用应力情况下就会在零件或构件的局部位置产生疲劳裂纹并扩展,最后突然断裂,这种现象称之为疲劳破坏。疲劳裂纹的形成和扩展具有很大的隐蔽性,而在疲劳断裂时又具有瞬发性,因此疲劳破坏往往会造成极大的经济损失和灾难性后果。

疲劳设计方法,早期是"无限寿命"设计法,要求构件在无限长的使用期内,不发生疲劳破坏,这种方法在材料力学中有详细的介绍,是按照疲劳强度条件进行设计。后来,采用"有限寿命"设计法,要求构件在一定的周期内,不发生疲劳破坏,这成为评价材料疲劳强度的传统方法。这两种方法都是基于表面无任何宏观裂纹的光滑构件,实际的构件在加工和使用的过程中,由于表面划痕、金属夹杂、锻造缺陷等,构件表面往往存在裂纹。由于裂纹存在,在交变荷载下,即使荷载远远低于材料本身的疲劳强度极限,裂纹也会很快扩展而断裂。所以上述这两种设计方法都不能充分保证构件的安全可靠。

近年提出的破损安全设计方法,即损伤容限法,其主导思想是容许某些重要的受力构件,在出现破损(裂纹)后,在规定寿命期内,仍能保证安全可靠地工作。对于这种设计,只有掌握了材料疲劳裂纹扩展特征,才能使设计获得预期的安全效果。此外,运载工具和压力容器检修期的合理制定,也依赖于对疲劳裂纹扩展速率的掌握,对剩余寿命的正确估算。由此可见,研究疲劳裂纹扩展规律,是断裂力学在工程上一个重要的内容。裂纹的出现是不可避免的,所以用断裂力学来研究裂纹的扩展规律,是对传统疲劳试验和分析方法的重要补充和发展。

本章将阐述疲劳裂纹的形成和扩展规律、影响疲劳裂纹扩展速率的主要因素,以及疲劳裂纹扩展寿命的估算。

6.1 疲劳裂纹的形成及扩展

具有初始裂纹的构件,在低于临界应力的静应力作用下一般不会发生破坏。但是构件在交变应力作用下,裂纹会缓慢地扩展,裂纹达到临界裂纹尺寸时,就会发生失稳扩展而断裂。裂纹在交变应力作用下由初始裂纹到临界裂纹这一扩展过程就叫做疲劳裂纹的亚临界扩展。

金属材料的疲劳断裂过程大致可以分为四个阶段。

(1)裂纹成核阶段:金属材料在交变应力的作用下,由于零件表面区域处于平面应力状态,有利于塑性滑移,在取向最不利的晶粒达到屈服时产生滑移,多次滑移在零件表面形成微裂纹。

(2)微观裂纹扩展阶段:微裂纹沿滑移面扩展,扩展的方向开始时与拉应力方向成45°角,此后逐渐过渡到垂直方向。此阶段裂纹的扩展速率是缓慢的，一般为 10^{-5} 毫米/周，裂纹尺寸 <0.05 mm。

（3）宏观裂纹扩展阶段：这一阶段裂纹尺寸从 0.05 mm 扩展至临界裂纹尺寸 a_c，扩展速率为 10^{-3} 毫米/周。

（4）断裂失稳阶段：当裂纹扩展至临界裂纹尺寸 a_c 时，产生失稳而很快断裂。

微观、宏观裂纹扩展统称为裂纹的亚临界扩展。

工程上一般规定，裂纹尺寸为 $0.1\sim0.2$ mm 的裂纹为宏观裂纹，或裂纹尺寸为 $0.2\sim0.5$ mm、深 0.15 mm 的表面裂纹为宏观裂纹。宏观裂纹扩展阶段对应的循环因数称为裂纹扩展寿命（N_p），之前阶段对应的循环因数称为裂纹形成寿命（N_i）。

亚临界裂纹扩展有两种类型，当构件所受的应力较低，疲劳裂纹在弹性区内扩展，裂纹的疲劳寿命较长，这种疲劳称为高周疲劳，又叫应力疲劳；当构件所受的局部应力已超过屈服极限，形成较大的塑性区，裂纹在塑性区中扩展，裂纹的疲劳寿命较小，这种疲劳称为低周疲劳，又叫应变疲劳。

6.2　疲劳裂纹扩展速率

从工程角度讲，一个构件的寿命包括裂纹萌生期和扩展期。有的材料对疲劳抵抗较弱，裂纹一萌生就很快破坏，有的材料对疲劳抵抗较强，尽管已萌生裂纹，构件仍有相当长寿命。对后一种材料，允许一定尺寸的裂纹存在，因此需研究疲劳裂纹扩展规律。由于平面应变的 Ⅰ 型裂纹是最常见最危险的裂纹，所以下面就以 Ⅰ 型裂纹为主进行讨论。

如果在应力循环 ΔN 次后裂纹扩展为 Δa，则应力每循环一周裂纹扩展量为 $\Delta a/\Delta N$（mm/周），称为裂纹扩展速率，在极限条件下用微分 da/dN 表示。对于疲劳裂纹扩展速率的研究，主要在于寻求扩展速率与有关力学参数之间的数学表达式。在单轴循环交变应力下，垂直于应力方向的裂纹扩展速率一般可写成如下形式

$$\frac{\mathrm{d}a}{\mathrm{d}N} = f(\sigma, a, c) \tag{6.2.1}$$

式中：N 为应力循环次数；σ 是正应力；a 为裂纹长度；c 为与材料有关的常数。由于裂纹扩展速率 da/dN 是 σ、a 和 c 的函数，研究者们根据实验数据提出了各种不同的表达式，其中 Paris（巴里斯）理论是目前与实验结果符合较好的一种理论。

在高周恒幅载荷下，将实验所得的数据画在 $\lg \dfrac{\mathrm{d}a}{\mathrm{d}N} - \lg \Delta K_{\mathrm{I}}$ 坐标系中，如图6.2.1所示的曲线。

此曲线大致可以划分为三个阶段，第一阶段即 A 区，又称为低速率区，随应力强度因子幅度 ΔK 降低，裂纹扩展速率迅速下降，到达某一值 ΔK_{th} 时，裂纹扩展速率趋近于 0。如果 $K < \Delta K_{th}$，可以认为裂纹不扩展。定义 ΔK_{th} 为疲劳裂纹扩展应力强度因子幅度阈值。研究发现，

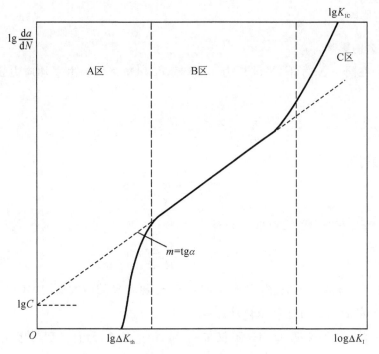

图 6.2.1　裂纹稳态扩展不同区段的图示说明

ΔK_{th} 受循环特征 $R(R=\dfrac{\sigma_{\min}}{\sigma_{\max}}=\dfrac{K_{\min}}{K_{\max}})$ 的影响很大。对于马氏体钢,巴尔涩姆(Barsom)得出如下

经验公式

$$\Delta K_{th} = \begin{cases} 6.4(1-0.85R) & R > 0.1 \\ 5.5 & R \leqslant 0.1 \end{cases} \tag{6.2.2}$$

第二阶段即 B 区,称为中速裂纹扩展区,此时裂纹扩展速率在 $10^{-7} \sim 10^{-5}$ 米/周范围。实

验表明,此时 $\lg \dfrac{\mathrm{d}a}{\mathrm{d}N} - \lg\Delta K_I$ 是一条直线,利用这一关系可以进行疲劳寿命预测,这是疲劳断裂

研究的重点,Paris 用实验得到这一关系

$$\dfrac{\mathrm{d}a}{\mathrm{d}N} = C(\Delta K_I)^m \tag{6.2.3}$$

上式由 Paris 于 1963 年提出,即著名的 Paris 公式。从式中可以看出,应力强度因子幅度

ΔK_I 是疲劳裂纹扩展的主要控制参量,ΔK_I 增大,裂纹扩展速率 $\mathrm{d}a/\mathrm{d}N$ 也增大。其中参数

C、m 是描述材料疲劳裂纹扩展性能的基本参数,由实验确定。

第三阶段即 C 区,又称为高速率区。这一区域疲劳裂纹扩展快,寿命短,其对裂纹扩展寿

命的贡献可以忽略不计。当 $K_{\max} \rightarrow K_{IC}$ 时,发生迅速断裂。

6.3　影响疲劳裂纹扩展速率的因素

我们通过实验观察发现:平均应力、应力条件、加载频率、温度、环境等对疲劳裂纹扩展速

率 $\mathrm{d}a/\mathrm{d}N$ 均有影响。

1. 平均应力的影响

试验表明,在同一 ΔK_I 下,平均应力 σ_m 越高,$\mathrm{d}a/\mathrm{d}N$ 越大。由平均应力 σ_m 与应力幅 σ_a 可得到

$$\frac{\sigma_m}{\sigma_a} = \frac{\sigma_{\max} + \sigma_{\min}}{\sigma_{\max} - \sigma_{\min}} = \frac{1+R}{1-R} \tag{6.3.1}$$

整理式(6.3.1)得到

$$\sigma_m = \frac{1+R}{1-R}\sigma_a \tag{6.3.2}$$

现将 $\Delta\sigma = \sigma_{\max} - \sigma_{\min} = 2\sigma_a$ 代入式(6.3.2)有

$$\sigma_m = \frac{1+R}{1-R}\frac{\Delta\sigma}{2} \tag{6.3.3}$$

ΔK_I 为定值时,有 $\Delta\sigma$ 为一定值,由式(6.3.3)可知 σ_m 随着 R 的增大而增大($0 \leqslant R \leqslant 1$),平均应力 σ_m 对 $\mathrm{d}a/\mathrm{d}N$ 的影响可通过 R 来体现。

试验表明,裂纹扩展速率 $\mathrm{d}a/\mathrm{d}N$ 不仅与 σ_m 和 ΔK_I 有关,而且还要考虑应力强度因子趋于 K_{IC} 时裂纹加速扩展的效应,因此,Foreman 提出如下的公式

$$\frac{\mathrm{d}a}{\mathrm{d}N} = \frac{C(\Delta K_I)^m}{(1-R)K_{IC} - \Delta K_I} \tag{6.3.4}$$

从式(6.3.4)中可见,当 ΔK_I 趋于 $(1-R)K_{IC}$ 时,$\mathrm{d}a/\mathrm{d}N$ 趋于无穷大。Foreman 公式在处理许多材料试验数据时是很有效的,但是,对于目前尚难测定 K_{IC} 的高韧性材料无法应用,为此 Walker 建议用下式

$$\frac{\mathrm{d}a}{\mathrm{d}N} = C(\Delta K_e)^m \tag{6.3.5}$$

式中:$\Delta K_e = K_{I\max}(1-R)^n$,称为有效应力强度因子;$C$、$m$、$n$ 是与试验条件有关的材料常数。当 $n=1$ 时,$\Delta K_e = K_{I\max}(1-R) = \Delta K_I$,此时 Walker 公式就是 Paris 公式,可见 Paris 公式是 Walker 公式的特例。

2. 超载的影响

试验表明,在单一恒幅的交变荷载下的扩展速率 $\mathrm{d}a/\mathrm{d}N$,在施加了一个尖峰荷载后,其扩展速率迅速下降,甚至下降到 0,此后经过若干次循环后,扩展速率才逐渐恢复至相应裂纹长度下的正常扩展速率,即过载会对裂纹扩展速率起到延缓的作用,延缓作用限于一定的循环周期,以后 $\mathrm{d}a/\mathrm{d}N$ 逐渐恢复正常。

惠累尔(Wheeler)模型认为:过载峰使裂纹尖端形成大塑性区 R^*,而塑性区 R^* 阻碍裂纹增长,使裂纹产生停滞效应。

埃尔伯(Elber)模型认为:超载后裂纹的闭合效应使裂纹的扩展速率降低。当达到过载峰时,裂纹尖端产生较大的残余拉应变,过载峰后,在随后的恒定 ΔK 作用下逐渐卸载。卸载过

程中,因裂尖已形成残余拉应变,使裂纹尖端过早闭合,延缓裂纹扩展速率。

3. 加载频率的影响

大量实验表明,随着加载频率减小,裂纹扩展速率增加,但在 ΔK 比较小时,其影响逐渐减少;在 ΔK 比较大时,尤其是高温下,加载频率对裂纹扩展速率的影响大些,随着加载频率减小,裂纹扩展速率增加。

4. 温度的影响

大量实验表明,温度对裂纹扩展速率的影响因材料不同而不同。对于大多数材料,$\mathrm{d}a/\mathrm{d}N$ 随温度的升高而增高,但是随 $\mathrm{d}a/\mathrm{d}N$ 的增高,温度对 $\mathrm{d}a/\mathrm{d}N$ 的影响减弱。

5. 腐蚀介质的影响

腐蚀介质对扩展速率的影响很大,特别是频率越低其影响越大,将会明显提高裂纹扩展速率,当然这种影响与材料对介质的敏感度有关。

6.4　疲劳裂纹寿命

含有裂纹构件的安全设计中包括构件的选材、表面容许的最大初始裂纹尺寸、无损检测标准的确定等,这些都离不开对疲劳裂纹扩展寿命的计算。疲劳裂纹扩展寿命的计算主要是疲劳裂纹扩展速率,另外,计算的过程中要考虑温度、环境介质、加载频率及过载的影响。下面分别介绍 Paris 公式和 Foreman 公式计算疲劳裂纹寿命的过程。

(1)Paris 公式:

$$\frac{\mathrm{d}a}{\mathrm{d}N} = C(\Delta K_{\mathrm{I}})^m$$

式中:$\Delta K_{\mathrm{I}} = \alpha \cdot \Delta\sigma \sqrt{\pi a}$,代入上式中有

$$\frac{\mathrm{d}a}{\mathrm{d}N} = C(\alpha \cdot \Delta\sigma \sqrt{\pi a})^m = C_1 (\Delta\sigma)^m (\sqrt{a})^m$$

式中:$C_1 = C\alpha^m \pi^{m/2}$,则上式变为

$$\mathrm{d}N = \frac{\mathrm{d}a}{C_1 (\Delta\sigma)^m (\sqrt{a})^m} \tag{6.4.1}$$

对式(6.4.1)积分得到

当 $m \neq 2$ 时

$$N_\mathrm{c} = \int_{N_0}^{N_\mathrm{c}} \mathrm{d}N = \frac{a_\mathrm{c}^{1-\frac{m}{2}} - a_0^{1-\frac{m}{2}}}{\left(1-\frac{m}{2}\right) C_1 (\Delta\sigma)^m (\sqrt{a})^m} \tag{6.4.2}$$

当 $m = 2$ 时

$$N_\mathrm{c} = \frac{\ln a_\mathrm{c}/a_0}{C_1 (\Delta\sigma)^2} \tag{6.4.3}$$

在式(6.4.2)和式(6.4.3)中,N_0 为裂纹扩展到 a_0 时的循环次数(如果 a_0 为初始裂纹长度,则 $N_0 = 0$);N_c 为裂纹扩展到临界失稳断裂长度 a_c 时的循环次数。

(2)Foreman 公式:

$$\frac{\mathrm{d}a}{\mathrm{d}N} = \frac{C(\Delta K_{\mathrm{I}})^m}{(1-R)K_{\mathrm{IC}} - \Delta K_{\mathrm{I}}}$$

用 $\Delta K_f = (1-R)K_{\mathrm{IC}}$ 表示对应于临界裂纹尺寸 a_c 时的应力强度因子幅度,ΔK_0 表示初始裂纹尺寸 a_0 的应力强度因子幅度,代入式中积分

当 $m \neq 2, m \neq 3$ 时,

$$N_c = \frac{2}{a^2 \pi C (\Delta\sigma)^2} \left\{ \frac{\Delta K_f}{m-2} \left[\frac{1}{(\Delta K_0)^{m-2}} - \frac{1}{(\Delta K_f)^{m-2}} \right] - \frac{1}{m-3} \left[\frac{1}{(\Delta K_0)^{m-3}} - \frac{1}{(\Delta K_f)^{m-3}} \right] \right\}$$

$$(6.4.4)$$

当 $m = 2$ 时,

$$N_c = \frac{2}{a^2 \pi C (\Delta\sigma)^2} \left[\Delta K_f \ln \frac{\Delta K_f}{\Delta K_0} + \Delta K_0 - \Delta K_f \right] \tag{6.4.5}$$

当 $m = 3$ 时,

$$N_c = \frac{2}{a^2 \pi C (\Delta\sigma)^2} \left\{ \Delta K_f \left[\frac{1}{\Delta K_0} - \frac{1}{\Delta K_f} \right] + \ln \frac{\Delta K_f}{\Delta K_0} \right\} \tag{6.4.6}$$

一般来讲,利用上述公式即可对裂纹扩展寿命作出初步计算,但是对于具体的问题,还需要综合考虑一些实际情况。

习题

6.1 什么叫应力疲劳?什么叫应变疲劳?两者的裂纹扩展速率表达式是否相同?为什么?

6.2 什么叫裂纹的亚临界扩展?什么叫阈值?

6.3 影响疲劳裂纹扩展速率的因素有哪些?

第二篇　专题部分

第7章　数值方法及软件应用

计算各种构件的应力强度因子,是线弹性断裂力学的重要任务之一。目前求应力强度因子的方法有解析法、数值解法和实验标定方法等。解析法只能计算简单的问题,对于大多数问题需要采用数值解法。本章介绍工程中广泛采用的有限单元法、相对简单的边界元法、对有限元法改进的扩展有限元法和纳观领域重要分析工具——分子动力学方法,进行应力强度因子求解和进行裂纹扩展分析。这里介绍这些方法的基本原理和要点,更具体和详细的内容以及最新进展请读者查阅有关资料和文献。

7.1　边界元法(BEM)

7.1.1　边界元法简介

边界元法(Boundary Element Method,BEM)是继有限元法之后发展起来的一种新数值方法,与有限元法在连续体域内划分单元的基本思想不同,边界元法只在定义域的边界上划分单元,用满足控制方程的函数去逼近边界条件。采用边界元法求解时,根据积分定理,将区域内的微分方程变换成边界上的方程;然后,将边界分割成为有限大小的边界元素(称为边界单元),把边界积分方程离散成代数方程,将求解微分方程的问题变换成求解关于节点未知量的代数方程问题。

有限元法是目前工程中应用最广泛的数值方法,已有很多通用程序和专用程序在各个工程领域投入了实际应用。然而,有限元法本身还存在一些缺点。例如,在应力分析中对于应力集中区域必须划分很多的单元,从而增加了求解方程的阶数,计算成本也就随之增加;用位移型有限元法求解出的应力的精度低于位移的精度,对于一个比较复杂的问题必须划分很多单元,相应的数据输入量很大,同时,在输出的大量信息中,又有许多并不是人们所需要的。

边界元与有限元相比有很多优点:

(1)它只以边界未知量作为基本未知量,域内未知量可以只在需要时根据边界未知量求出,它的最大特点是能使问题的维数降低一维,如原为三维空间的问题可降为二维,原为二维空间的问题可降为一维。

(2)它只需将边界离散而不像有限元需将区域离散化,边界的离散也比区域的离散方便得多,可用较简单的单元准确地模拟边界形状,所划分的单元数目远小于有限元,这样就减少了方程组的方程个数和求解问题所需的数据,不但减少了准备工作,而且节约了计算时间。

(3)由于它是直接建立在问题控制微分方程和边界条件上的,不需要事先寻找任何泛函,不像以变分法为基础的有限元法,如果泛函不存在就难于使用。所以边界元法可以求解经典区域法无法求解的无限域类问题。

(4)由于边界元法引入基本解,其解精确满足域内的偏微分方程,具有解析与离散相结合的特点,因而具有较高的精度。

特别是对于边界变量变化梯度较大的问题,如应力集中问题,或边界变量出现奇异性的裂纹问题,边界元法被公认为比有限元法更加精确高效。由于边界元法所利用的微分算子基本解能自动满足无限远处的条件,因而边界元法特别便于处理无限域以及半无限域问题。正是因为这些特点,使边界元法受到了力学界、应用数学界及许多工程领域的广泛重视。

当然,边界元法也有其弱点,它需要知道问题的基本解或 Green 函数,而变系数问题和非线性问题的基本解往往不知道,故难以使用边界元法。而且通常由它建立的代数方程组的系数阵是非对称矩阵,对解题规模产生较大限制。虽然有这些缺点,边界元法还是凭借其显著的优势得到广泛使用,并取得了丰富的成果。

7.1.2　边界元法的原理[12,13]

通过变分法、功的互等定律或加权余量法等方法,可将无体积力情况下的弹性力学平面问题转化为求解如下积分方程

$$
\begin{aligned}
\frac{1}{2}u(P_0) &= \int_C \{[W_x(P)u_{xx}^*(P,P_0) + W_y(P)u_{yx}^*(P,P_0)] - \\
&\quad [W_{xx}^*(P,P_0)u(P) + W_{yx}^*(P,P_0)v(P)]\}\mathrm{d}s(P) \\
\frac{1}{2}v(P_0) &= \int_C \{[W_x(P)u_{xy}^*(P,P_0) + W_y(P)u_{yy}^*(P,P_0)] - \\
&\quad [W_{xy}^*(P,P_0)u(P) + W_{yy}^*(P,P_0)v(P)]\}\mathrm{d}s(P)
\end{aligned}
\tag{7.1.1}
$$

解得

$$u_{xx}^*(P,R) = \frac{1+\nu}{4\pi E}\left[(3-\nu)\lg\frac{1}{r} + (1+\nu)\frac{(x-\xi)^2}{r^2}\right]$$

$$u_{xy}^*(P,R) = u_{yx}^*(P,R) = \frac{(1-\nu)^2}{4\pi E}\frac{(x-\xi)(y-\eta)}{r^2}$$

$$u_{yy}^*(P,R) = \frac{1+\nu}{4\pi E}\left[(3-\nu)\lg\frac{1}{r} + (1+\nu)\frac{(y-\eta)^2}{r^2}\right]$$

$$W_{xx}^*(P,R) = -\frac{1}{4\pi r^2}\left[(1-\nu) + 2(1+\nu)\frac{(x-\xi)^2}{r^2}\right]\left[(x-\xi)l + (y-\eta)m\right]$$

$$W_{xy}^*(P,R) = -\frac{1}{4\pi r^2}\left\{\left[2(1+\nu)\frac{(x-\xi)(y-\eta)}{r^2}\right]\left[(x-\xi)l + (y-\eta)m\right]\right.$$
$$\left. - (1-\nu)\left[(y-\eta)l - (x-\xi)m\right]\right\}$$

$$W_{yx}^*(P,R) = -\frac{1}{4\pi r^2}\left\{\left[2(1+\nu)\frac{(x-\xi)(y-\eta)}{r^2}\right]\left[(x-\xi)l + (y-\eta)m\right]\right.$$
$$\left. - (1-\nu)\left[(y-\eta)l - (x-\xi)m\right]\right\}$$

$$W_{yy}^*(P,R) = -\frac{1}{4\pi r^2}\left[(1-\nu) + 2(1+\nu)\frac{(y-\eta)^2}{r^2}\right]\left[(x-\xi)l + (y-\eta)m\right]$$

$$(7.1.2)$$

式(7.1.2)是无限域内平面问题的基本解,式中:$u(P_0)$表示 P_0 点 x 方向位移;$v(P_0)$表示 P_0 点 y 方向位移。u_{xy}^*表示在 P 点沿 x 方向作用一单位集中力,在 R 点沿 y 方向产生的位移;$W_{xy}^*(P,R)$表示在 P 点沿 x 方向有一单位位移,在 R 点沿 y 方向引起的位移;其他带"$*$"号的符号物理意义类似;r 是 P 与 R 之间的距离,有

$$r^2(P,R) = (x-\xi)^2 + (y-\eta)^2 \tag{7.1.3}$$

式中:(x,y)是 P 点的坐标,(ξ,η)是 R 点的坐标,见图 7.1.1。在式(7.1.2)中,P 点在边界 C 上,R 点在边界 C 内;但在式(7.1.1)中,R 点趋于边界上的 P_0 点,即 $\xi \to x_0,\eta \to y_0$。需要注意,式(7.1.1)是无体积力情况下的边界积分方程,当存在体积力时,积分方程要加一项面积分。

边界积分方程(7.1.1)的精确解很难得到,必须进行数值计算。数值计算的方法是将边界积分方程离散化,划分边界 C 为 n 个单元,用各单元上的节点参数(位移和力)来表示单元上的相应量。例如,边界 C 被划为 $C_1,C_2,\cdots,C_n$ 个单元,单元的节点取为 $P_0^1,P_0^2,\cdots,P_0^n$,如图 7.1.2所示。最简单的情况是将各单元上节点的位移和力近似为常数,则边界积分方程(7.1.1)写成

$$\frac{1}{2}u(P_0^i) = \sum_{i=1}^{n} W_x(P^i)\int_{C_1} u_{xx}^*(P^i,P_0^i)\mathrm{d}s(P^i) + \sum_{i=1}^{n} W_y(P^i)\int_{C_1} u_{yx}^*(P^i,P_0^i)\mathrm{d}s(P^i)$$
$$- \sum_{i=1}^{n} u(P^i)\int_{C_1} W_{xx}^*(P^i,P_0^i)\mathrm{d}s(P^i) - \sum_{i=1}^{n} v(P^i)\int_{C_1} W_{yx}^*(P^i,P_0^i)\mathrm{d}s(P^i)$$

$$(7.1.4)$$

类似地可得到 $\frac{1}{2}v(P_0^i)$ 的表达式。

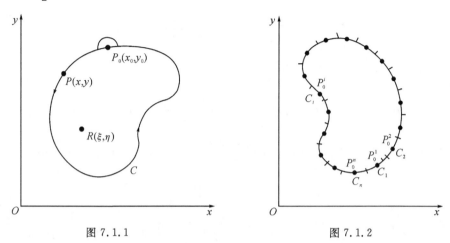

图 7.1.1　　　　　　　　　　　　　图 7.1.2

　　由式(7.1.4)看出,对于每个节点可得两个线性代数方程,如果有 n 个节点,就得到含有 $2n$ 个方程的代数方程组。若要有解,在边界上只能有 $2n$ 个未知量。事实上,对于平面问题,无论在位移边界 C_u 上或在力的边界 C_σ 上,边界上每个节点只有两个未知数,或者是两个位移分量,或者是两个力的分量。因此,在 n 个节点上恰好有 $2n$ 个未知量,问题可解。

7.1.3　边界元法求应力强度因子

　　在用边界元法求裂纹尖端应力强度因子时,为了保持应力具有 $r^{-\frac{1}{2}}$ 的奇异性和位移具有 $\sqrt{r}$ 的量级,在裂纹尖端可用如图 7.1.3 所示的 $\frac{l}{4}$ 点作为中间节点的裂纹元。

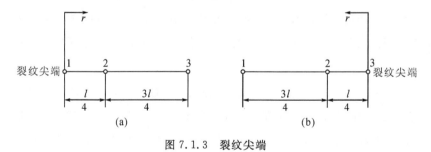

图 7.1.3　裂纹尖端

　　在进行计算时,可以将含裂纹表面的裂纹体划出内部边界进行计算,但在内部边界上必须满足位移的连续性和表面力的平衡,即

$$\left.\begin{array}{r} u_l^A = u_l^B \\ p_l^A + p_l^B = 0 \end{array}\right\} \tag{7.1.5}$$

式中:上标 A,B 分别表示内部边界的两侧。

　　例如,如图 7.1.4 所示,一块带斜裂纹的有限宽板受拉伸应力 σ 的作用,裂纹长度为 $2a$,

斜角为 β,板宽为 W,板长为 $3W$。将外部边界进行单元划分。其计算结果与边界配置法和有限元法所得的无量纲应力强度因子进行对比,结果见表7.1.1。可见,边界元法的优越性在于缩小工作量,减少计算机的计算量。

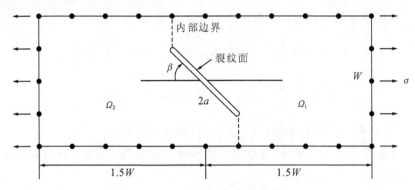

图 7.1.4　带斜裂纹的受拉有限宽板

表 7.1.1　无量纲应力强度因子表

	边界配置法	有限元法	边界元法
$K_{\mathrm{I}}/\sigma\sqrt{\pi a}$	0.730	0.728	0.725
K_{I} 误差	—	-0.27	-0.68
$K_{\mathrm{II}}/\sigma\sqrt{\pi a}$	0.600	0.590	0.598
K_{II} 误差	—	-1.67	-0.33
耗时/s	—	48	19

7.2　有限元法(FEM)

有限单元法(Finite Element Method,FEM),又称有限元法或有限元素法,是随着电子计算机的发展而迅速发展起来的一种现代计算方法。有限元法于 20 世纪 50 年代首先在连续体力学领域中应用,现在,有限元法已经从弹性力学平面问题扩展到空间问题、板壳问题;从静力学问题扩展到稳定性问题、动力学问题和流动问题;分析的对象也从弹性材料扩展到塑性、粘弹性和复合材料等。有限元法较早被广泛应用于断裂力学问题的分析研究,在断裂力学的数值方法中,有限元法也是应用最为普遍的一种方法。裂纹尖端应力应变场的求解、应力强度应子和 J 积分的计算都可以用有限元法来解决,在研究线弹性断裂力学、弹塑性断裂力学、疲劳和蠕变裂纹扩展速率等问题方面,也得到普遍应用。但是,断裂力学问题有着其本身的特点,应用有限元求解时需要考虑其特性,比如断裂力学问题在裂纹尖端会出现应力集中,用有限元处理时裂纹尖端处的网格划分就有较高的要求。

对于复杂的裂纹问题,一般采用有限元法,该方法用计算机进行计算,结果相当精确。本节介绍用有限元法在线弹性断裂力学中求应力强度因子等参数。

7.2.1 直接法求应力强度因子[12,16]

1. 位移法

根据第 3 章所得到的 Ⅰ 型裂纹尖端附近的位移公式(3.2.27)

$$u(r,\theta) = \frac{K_{\rm I}}{4\mu}\sqrt{\frac{r}{2\pi}}\left[(2\kappa-1)\cos\frac{\theta}{2}-\cos\frac{3\theta}{2}\right]\Bigg\}$$

$$v(r,\theta) = \frac{K_{\rm I}}{4\mu}\sqrt{\frac{r}{2\pi}}\left[(2\kappa+1)\sin\frac{\theta}{2}-\sin\frac{3\theta}{2}\right]$$

可见,采用有限元法求出位移 u、v 后,代入上式中,就可求得 $K_{\rm I}$。

因为裂纹张开位移 v 比较显著,可以得到较准确的近似值,所以一般用 $\theta=\pi$ 时的裂纹张开位移 $v(r,\pi)$ 值求 $K_{\rm I}$。此时

$$K_{\rm I}(r,\pi) = \frac{E}{(1+\mu)(\kappa+1)}\sqrt{\frac{2\pi}{r}}v(r,\pi) \tag{7.2.1}$$

式(7.2.1)只在裂纹尖端附近处($r\to0$)准确,因为它只保留了 r 的奇异项,在离开裂纹尖端稍远处,应力强度因子 $K_{\rm I}$ 不再是常数值。因此,在沿裂纹面取不同的 r 值算出位移,代入式(7.2.1)得到对应的 $K_{\rm I}$ 后,作 $K_{\rm I}-\dfrac{r}{W}$ 曲线,在 r 很小范围内,曲线才近似为一直线。此直线与纵坐标轴的交点就是所要求的 $K_{\rm I}$ 值。

例如,对于图 7.2.1 所示的紧凑拉伸试样,其单元网格如图 7.2.2 所示。网格取五种不同尺寸,见表 7.2.1。表中,A 表示有限元网格面积($\rm mm^2$),a 为试件的裂纹长度($\rm mm$)。用有限元法计算的结果如图 7.2.3 所示,图中纵坐标以无量纲量 $K_{\rm I}BW^{1/2}/P$ 表示(B 为板厚)。图 7.2.3 中最上面一条线为边界配置法求得的较精确的解。由图 7.2.3 可见,采用的网格尺寸越小,得到的结果越精确。

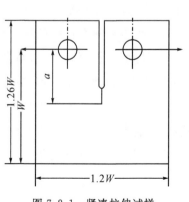

图 7.2.1 紧凑拉伸试样

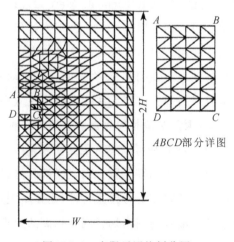

ABCD部分详图

图 7.2.2 有限元网格划分图

表 7.2.1　五种情况下的有限元面积

情　况	裂纹尖端附近$(A/a^2)\times 10^6$	试件外周处$(A/a^2)\times 10^2$
1	312	2
2	78	2
3	20	2
4	1.20	2
5	1.20	1

　　由图 7.2.3 还可知,接近裂缝尖端$(r \to 0)$处,曲线弯曲很大,说明有限元法的解产生了很大误差。这是由于 ν 与 $r^{1/2}$ 成正比,而有限元法所假设的位移场为多项式,不能满足此规律。为了避免这一误差,一般采用外推法,即将 $K_{\rm I} - \dfrac{r}{W}$ 直线延长,使它与纵坐标相交,交点的纵坐标值就对应 $K_{\rm I}$ 的无量纲值。

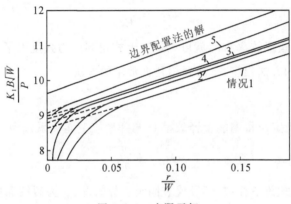

图 7.2.3　有限元解

2. 应力法

根据第 3 章所得到的 I 型裂纹尖端附近的应力公式(3.2.26)

$$
\left.
\begin{aligned}
\sigma_x(r,\theta) &= \frac{K_{\rm I}}{\sqrt{2\pi r}}\cos\frac{\theta}{2}\left(1 - \sin\frac{\theta}{2}\sin\frac{3\theta}{2}\right) \\[2mm]
\sigma_y(r,\theta) &= \frac{K_{\rm I}}{\sqrt{2\pi r}}\cos\frac{\theta}{2}\left(1 + \sin\frac{\theta}{2}\sin\frac{3\theta}{2}\right) \\[2mm]
\tau_{xy}(r,\theta) &= \frac{K_{\rm I}}{\sqrt{2\pi r}}\cos\frac{\theta}{2}\sin\frac{\theta}{2}\cos\frac{3\theta}{2}
\end{aligned}
\right\}
$$

与位移法类似,用有限元法求出应力 σ_x、σ_y、τ_{xy},代入上式可求得应力强度因子 $K_{\rm I}$ 值。一般认为取 $\theta = 0$ 时,用裂纹线上的应力 σ_y 计算 $K_{\rm I}$ 为好,此时

$$
K_{\rm I} = \sigma_y\sqrt{2\pi r} \tag{7.2.2}
$$

求出不同的 r 处的应力,代入式(7.2.2),得到相应的 $K_{\rm I}$,作 $K_{\rm I} - \dfrac{r}{W}$ 直线,延长至纵坐标轴上,

可得到所要求的 K_I 值。

当有限元法采用刚度法求应力时,应力场都要通过对位移场求导数获得,求得的应力与位移法比较,精度要差很多。因此,采用有限元的刚度法时,最好用位移法求应力强度因子。

直接法求应力强度因子的优点是:直接应用应力或位移公式,求解过程简单。由于 K_I 的计算公式只在 $r \to 0$ 时才适合,因此在裂纹尖端需要用极细的网格,否则精度会受到影响,特别是对于应力法,在裂纹尖端附近的应力梯度很大,则需要更精细的网格,增加了计算工作量,这是直接法的缺点。

7.2.2　间接法求应力强度因子[12]

间接法不是直接从应力或位移公式计算应力强度因子 K_I,而是通过计算能量,再换算成 K_I 值。这样可以避免在裂纹尖端附近用很细的网格,同样可得到较高的精度。

在第 3 章我们得到能量释放率 G_I 和应力强度因子 K_I 之间关系式(3.5.8)

$$G_I = \frac{K_I^2}{E_1}$$

由此可见,只要求得能量释放率 G_I,就可以通过上式得到应力强度因子 K_I。

求解能量释放率的方法很多,下面介绍几种常用的方法。

1. 弹性应变能法

我们通过能量守恒定律得到能量释放率 G 与弹性应变能关系式为

$$G_I = \pm \frac{\partial U}{\partial A} \tag{7.2.3}$$

式中:"＋"号代表固定载荷情况;"－"号代表固定边界情况;A 为裂纹面积。

先用有限元法求出裂纹长为 a 时的应变能 U。应变能可以直接由各节点的内力和位移的乘积求和而得,即

$$U = \frac{1}{2} \sum F_i \delta_i \tag{7.2.4}$$

式中:F_i 表示各节点的内力;δ_i 表示各节点的位移。然后用同一方法,求裂纹长度为 $a + \Delta a$ 时的应变能 $U + \Delta U$ 和裂纹面积增量 ΔA。将 ΔU 与 ΔA 的计算值代入式(7.2.3),求得 G_I 值。或将不同裂纹长度时的 U 与 A 作成 U-A 曲线,U-A 曲线在各点的斜率就是相应裂纹长度时的应变能释放率。求应变能还可以直接应用以下公式

$$U = \sum_{e=1}^{n} U_e = \frac{1}{2} \boldsymbol{\delta}^{\mathrm{T}} [\boldsymbol{K}] \boldsymbol{\delta} \tag{7.2.5}$$

用有限元法计算总弹性能量,可以避免裂纹尖端附近微小区域内存在的误差,而且求 ΔU 时偏差可以抵消,因此不需很细的网格就可以得到较满意的结果。

图 7.2.4(a)所示的薄板中,板厚为 B,板宽为 W,中心裂纹长为 $2a$,两端受集中拉力 P 的作用。有限元用三角形常应变单元,约 300 个单元。网格如图 7.2.4(a)所示。先用应变能法

求裂纹长 $2a$ 对应的应变能 U,然后再求裂纹长 $2(a+\Delta a)$ 对应的应变能 $U+\Delta U$,应用式(3.5.8)与式(7.2.3),求出应力强度因子 K_{I}。将所得的结果画成曲线,如图 7.2.4(b)所示。与理论解比较,非常一致。如果用位移法,要得到相同精度的结果,需要 700 多个单元。

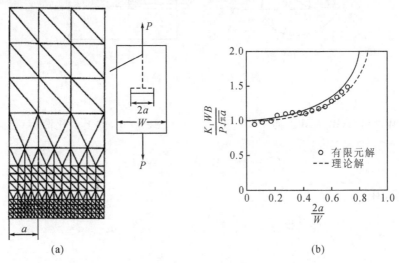

图 7.2.4　矩形薄板有限元解

2. 柔度法

在第 2 章中得到能量释放率和柔度之间的关系式

$$G = \frac{P^2}{2B}\frac{\partial C}{\partial a} = \frac{P^2}{2}\frac{\partial C}{\partial A} \tag{7.2.6}$$

式中:C 为试样柔度,A 为裂纹面积。

用有限单元法求得不同裂纹长度 a 时的柔度 C,作 C-A 曲线。在给定的裂纹长度处,求出 C-A 曲线的斜率,代入式(7.2.6)中,即可求得 G_{I}。

柔度法的优点是:计算 ΔC 时,误差能抵消,可以不用细的网格。

7.2.3　围线积分法(J 积分法)

围绕裂纹尖端作闭合曲线 Γ,如图 7.2.5 所示,根据式(5.3.1)J 积分的回路积分定义有

$$J = \int_{\Gamma}\left(W\mathrm{d}y - T_i\frac{\partial u_i}{\partial x}\mathrm{d}s\right) \tag{7.2.7}$$

对于线弹性情况,有

$$J = \frac{K_{\mathrm{I}}^2}{E_1} = G_{\mathrm{I}} \tag{7.2.8}$$

根据 J 积分计算公式(7.2.7),就可以求出 G_{I} 或 K_{I}。

例如,取如图 7.2.5(b)所示的矩形闭合曲线,利用对 x 轴的对称关系,令 $J=J_W+J_T$,则有

$$J_W = \int_{\Gamma}W\mathrm{d}y = \int_0^{-c}W_1\mathrm{d}y + \int_{-d}^d W_2\mathrm{d}x + \int_{-c}^0 W_3\mathrm{d}y + \int_0^c W_4\mathrm{d}y + \int_d^{-d}W_5\mathrm{d}x + \int_c^0 W_6\mathrm{d}y$$

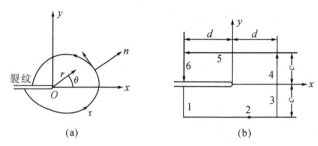

图 7.2.5　J 积分示意图

由对称关系，$W_1 = W_6$，$W_3 = W_4$，而 $\int_{-d}^{d} W_2 \mathrm{d}x + \int_{d}^{-d} W_5 \mathrm{d}x = 0$，则上式化简为

$$J_W = 2\left(\int_0^c W_4 \mathrm{d}y - \int_0^c W_6 \mathrm{d}y\right) \tag{7.2.9a}$$

又由对称关系，有

$$J_T = \int_\Gamma T_i \cdot \frac{\partial u_i}{\partial x}\mathrm{d}s = 2\int_0^c \left(-\sigma_x \varepsilon_x - \tau_{xy}\frac{\partial v}{\partial x}\right)_6 \mathrm{d}s$$

$$+ 2\int_d^{-d}\left(\tau_{xy}\varepsilon_x + \sigma_y\frac{\partial v}{\partial x}\right)_5 \mathrm{d}s + 2\int_0^c\left(\sigma_x\varepsilon_x + \tau_{xy}\frac{\partial v}{\partial x}\right)_4 \mathrm{d}s \tag{7.2.9b}$$

用有限元法计算出沿积分线路的应力分量、应变分量、位移分量沿 x 轴方向的变化率，代入式(7.2.9a)、式(7.2.9b)中，求出 J 积分值，再代入式(7.2.8)中计算应力强度因子 K_I。

J 积分方法的优点：避免了在裂纹尖端附近使用很细的网格，可以使用标准程序并可用于非线性断裂力学。同时，由于 J 积分值与积分路线无关，因此可以选用几条不同的积分路线计算 J 值，以检验结果的正确性。

J 积分方法的缺点：积分曲线上的应力和位移值需用内插法或图解法求解，较烦琐，降低了准确度。

前面介绍了有限元法求解应力强度因子的直接法（位移法和应力法）和间接法（能量法）。在应用直接法时，由于所采用的是常规单元，不能反应裂纹尖端的奇异性，即使采用很细的网格，也难以得到足够的精度，而过细的网格将大大增加计算工作量，甚至是计算机的容量所不允许的。因此，近年来，提出了特殊单元的方法。特殊单元能反映裂纹尖端的奇异性，不需要用过细的网格，可得到较精确的结果。特殊单元法用一组特殊单元围绕着裂纹尖端，外围仍用常规单元，如图 7.2.5(a)所示，在裂纹尖端采用奇异应变三角形单元，Wilson 采用如下的位移模式（见图7.2.5(b)）

$$u = u_0 + \left(\frac{\theta_j - \theta}{\theta_j - \theta_i}u_i + \frac{\theta - \theta_i}{\theta_j - \theta_i}u_j\right)\sqrt{\frac{\rho}{R}}$$
$$v = v_0 + \left(\frac{\theta_j - \theta}{\theta_j - \theta_i}v_i + \frac{\theta - \theta_i}{\theta_j - \theta_i}v_j\right)\sqrt{\frac{\rho}{R}} \tag{7.2.10}$$

此外，还有等参数单元法或四分之一节点元法，以及国内学者提出的无限相似元法等。采

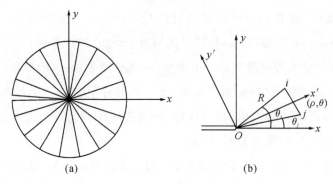

图 7.2.6　裂尖单元划分

用特殊单元法的缺点是不能使用通用的有限元法程序,因此不够方便。

7.2.4　有限元软件及其在断裂力学中的应用[15,16]

目前最流行的有限元分析软件有:ANSYS、ADINA、Abaqus、MSC,其中 ADINA、Abaqus 在非线性分析方面有较强的能力,是目前业内最认可的两款有限元分析软件;ANSYS、MSC 进入中国比较早,所以在国内知名度高且应用广泛。目前在多物理场耦合方面几大公司都可以做到结构、流体、热的耦合分析,但是除 ADINA 以外其他三个必须与别的软件搭配进行迭代分析,唯一能做到真正流固耦合的软件只有 ADINA。

ANSYS 软件注重应用领域的拓展,目前已覆盖流体、电磁场和多物理场耦合等广泛的研究领域。Abaqus 则集中于结构力学和相关领域研究,致力于解决更复杂和深入的工程问题,其强大的非线性分析功能在设计和研究的高端用户群中得到了广泛的认可。Abaqus 软件的用户数目和市场占有率正在大幅提高,接近 ANSYS。对于常规的线性问题,Abaqus 和 ANSYS 两种软件都可以较好地解决,在模型规模限制、计算流程、计算时间等方面都较为接近。Abaqus 软件在求解非线性问题时具有非常明显的优势,其非线性涵盖材料非线性、几何非线性和状态非线性等多个方面。综合起来,Abaqus 软件具有以下特点。

(1)更多的单元种类。单元种类达 433 种,提供了更多的选择,更能深入反映细微的结构现象和现象间的差别。除常规结构外,可以方便地模拟管道、接头以及纤维加强结构等实际结构的力学行为。

(2)更多的材料模型。包括材料的本构关系和失效准则等,仅橡胶材料模型就达 16 种。除常规的金属材料外,还可以有效地模拟复合材料、土壤、塑性材料和高温蠕变材料等特殊材料。

Abaqus 非常适合用作科学研究。它的说明书专业性强、内容详实,说明书中验算的实例多来自于公开发表的科研类论文。Abaqus 的主要模块包含可视化图形界面 CAE、隐式求解器 STANDARD、显式求解器 EXPLICIT 三部分,还包含其他若干特殊功能模块。通常大家都认为 Abaqus 是一个难学的软件,但也都承认其功能确实强大、专业,属于比较"高端"的一款有限元软件。

Abaqus 标准版由"部件(part)""材料特性(property)""装配(assemble)""计算步骤(step)""交互(interaction)""加载(load)""单元划分(mesh)""计算(job)""可视化(visualization)""草图(sketch)"十大模块组成。一个模型(model)通常由一个或几个部件(part)组成，"部件"又由一个或几个特征体(feature)组成，每一个部分至少有一个基本特征体(base feature)，特征体可以是所创建的实体，如挤压体、切割挤压体、数据点、参考点、数据轴、数据平面、装配体的装配约束、装配体的实例，等等。

在裂纹分析方面，Abaqus 有几种常见方法。最简单的是用 debond 命令，定义：

*FRACTURE CRITERION,TYPE = XXX,

*DEBOND,SLAVE = XXX,MASTER = XXX,time increment = XX

　0,1,

　time,0

要想看到开裂，特别注意需要在指定的开裂路径上定义一个 *Nset，然后在 * INITIAL CONDITIONS,TYPE = CONTACT 中定义 master,slave，以及指定的 Nset。

另一种方法，在 interaction 模块的 special 中定义 crack seam，网格最好细化，用 collapse element 模拟 singularity。这种方法可以计算 J 积分、应力强度因子等常用的断裂力学参数。

裂尖及奇异性定义

在 interaction 的 special 中，先定义 crack，定义好裂尖及方向；然后在 singularity 中选择：midside node parameter，输入 0.25；然后选 collapsed element side,duplicate nodes,8 节点单元对应$(1/r)+(1/r^{1/2})$奇异性。

这里 midside node parameter 选 0.25，对应裂尖 collapse 成 1/4 节点单元。如果 midside nodes 不移动到 1/4 处，则对应$(1/r)$奇异性，适合 perfect plasticity 的情况。

网格划分方面需要注意的问题

裂尖网格划分有一些技巧需要注意：partition 后先处理最外面的正方形，先在对角线和边上布点，注意要点取 constraint，然后选第三个选项 do not allow the number of elements to change，即不准 seed 变化，密度可以自己调整。最里面靠近圆的正方形可以只在对角线上布点，也可以进一步分割内圆及在圆周上布点。里面裂尖周围的内圆选 free mesh；element type 选 cps6 或者 cpe6；外面四边形选 sweep mesh；element type 选 cps8 或者 cpe8。注意把 quad 下那个缩减积分的勾去掉。

用 Abaqus 计算应力强度因子的算例及具体步骤见附录 B。

7.3　扩展有限元法(XFEM)

大量的断裂事故表明，构件断裂都是由于其内部存在各种类型的裂纹，这些裂纹的存在和扩展，使结构的承载力在一定程度上削弱，从而影响工程结构的质量和安全。因此，研究裂纹起裂及扩展规律,对工程设计、施工具有重大的指导意义。基于以上目的,国内外学者从理论、试验、数值模拟方面开展了大量的研究工作。

有限元作为最成熟的数值分析方法,被广泛应用于工程计算。有限元是将一个物理实体模型离散成一组有限的相互连接的单元组合体,该方法在考虑物体内部存在缺陷时,单元边界与几何界面一致,会造成局部网格加密,其余区域稀疏的非均匀网格分布,在网格单元中小的尺寸会增加计算成本,再者裂纹的扩展路径只能沿着单元边界发展。所以涉及到材料断裂问题时,有限元法存在一些缺点:

(1)裂纹被限制于网格线上,必须将裂纹面设置为单元的边,将裂尖设置为单元的节点;

(2)在裂尖附近的高应力区需要将网格加密;

(3)分析裂纹扩展时,随着裂纹的扩展,网格必须重新划分。

1999 年,美国西北大学 Belytschko 提出了扩展有限元法(Extended Finite Element Method,XFEM)[17,18,19],该方法对传统有限元法进行了重大改进。扩展有限元法是基于单位分解的思想,在常规有限元模式中加入了能够反映不连续性的跳跃函数及裂尖渐进位移场附加函数,有限元网格与裂纹相互独立,裂纹扩展不需重构有限元网格,能方便地分析含裂纹体的不连续问题。扩展有限元法避免了采用常规有限元计算断裂问题时需要对裂纹尖端重新加密网格造成的不便。

在扩展有限元法的计算过程中,不连续场的描述完全独立于网格边界,在处理断裂问题时有较好的优越性。利用扩展有限元,可以方便地模拟裂纹的任意路径,还可以模拟带有孔洞和夹杂的非均质材料。扩展有限元法作为计算非连续体变形的一种新方法,可对介质的摩擦接触、裂纹扩展、断层深化等问题进行分析,拥有广阔的应用前景。

扩展有限元是以标准有限元的理论为框架,保留了传统有限元的优点,目前商业软件中如 Abaqus,LS-Dyna,Morfeo 等都加入了扩展有限元的分析模块。在 Abaqus 中,用户也可以通过接口子程序 UEL,将改进的扩展有限元法嵌入到 Abaqus 中,实现扩展有限元法与商用软件的结合。

本节将介绍扩展有限元算法、分析应力强度因子的 J 积分计算方法及积分区域的选取,并给出算例。

7.3.1　扩展有限单元法的基本原理[20—25]

1.位移模式的构造

常规有限元法中位移模式表示为

$$u(x) = \sum_{i=1}^{n} N_i u_i \tag{7.3.1}$$

式中:N_i 为节点 i 的插值形函数;u_i 为节点 i 的位移向量。在域内任意一点,形函数都满足

$\sum\limits_{i=1}^{n} N_i = 1$。常规有限元的位移模式仅适用于连续介质，不适合处理裂纹这样的不连续体问题。

Belytschko 等基于插值函数单元分解的思想，提出了适合描述含裂纹面的近似位移插值函数

$$u(x) = \sum_{i=1}^{n} N_i u_i + \sum_{j \in N^{\text{disc}}} N_j H(x) a_j + \sum_{k \in N^{\text{asy}}} N_k \sum_{a=1}^{4} \phi_a(x) b_k^a \qquad (7.3.2)$$

式中：N 为所有常规单元节点的集合；N^{disc} 为完全被裂纹贯穿单元节点的集合（即图 7.3.1 方块表示的节点）；N^{asy} 为含裂尖单元节点的集合（即图 7.3.1 圆圈表示的节点）；u_i、a_j、b_k^a 分别表示常规单元节点、贯穿单元节点和裂尖单元节点的位移；$H(x)$ 为跳跃函数（heaviside function）

$$H(x) = \begin{cases} +1 & （裂纹面上） \\ -1 & （裂纹面下） \end{cases} \qquad (7.3.3)$$

用于反映裂纹面位移的不连续性，在裂纹面上、下侧分别取 $+1$ 和 -1；$\phi_a(x)$ 为裂尖渐近位移场附加函数，反映裂尖的应力奇异性，由以下基函数构成

$$\phi_a(x) = \left[\sqrt{r}\sin\frac{\theta}{2}, \sqrt{r}\cos\frac{\theta}{2}, \sqrt{r}\sin\frac{\theta}{2}\cos\theta, \sqrt{r}\cos\frac{\theta}{2}\cos\theta \right] \qquad (7.3.4)$$

式中：r、θ 为以裂纹尖端为坐标原点的极坐标系坐标（见图 7.3.2）。

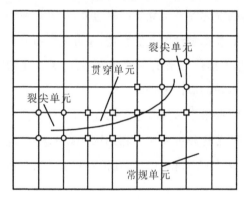

图 7.3.1　附加函数的加强结点

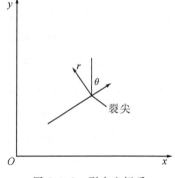

图 7.3.2　裂尖坐标系

2. 离散方程的建立

与常规有限元一样，将有限元近似位移函数式(7.3.1)代入虚功方程，可得到离散方程

$$\boldsymbol{Kd} = \boldsymbol{F} \qquad (7.3.5)$$

式中：$\boldsymbol{K}$ 为整体刚度矩阵，由单元刚度矩阵集成

$$k_{ij}^e = \begin{bmatrix} k_{ij}^{uu} & k_{ij}^{ua} & k_{ij}^{ub} \\ k_{ij}^{au} & k_{ij}^{aa} & k_{ij}^{ab} \\ k_{ij}^{bu} & k_{ij}^{ba} & k_{ij}^{bb} \end{bmatrix} \qquad (7.3.6)$$

其中

$$k_{ij}^{rs} = \int_{\Omega} (\boldsymbol{B}_i^r)^{\mathrm{T}} \boldsymbol{D} \boldsymbol{B}_j^s \mathrm{d}\Omega, (r, s = u, a, b) \tag{7.3.7}$$

式中：$\boldsymbol{B}_i^r$ 为形函数的偏导数（$\boldsymbol{B}_i^u$、$\boldsymbol{B}_i^a$、$\boldsymbol{B}_i^b$ 分别对应常规单元、裂纹贯穿单元和裂尖单元），具体形式如下

$$\boldsymbol{B}_i^u = \begin{bmatrix} \boldsymbol{N}_{i,x} & 0 \\ 0 & \boldsymbol{N}_{i,y} \\ \boldsymbol{N}_{i,y} & \boldsymbol{N}_{i,x} \end{bmatrix}, \quad \boldsymbol{B}_i^a = \begin{bmatrix} (\boldsymbol{N}_i H)_{,x} & 0 \\ 0 & (\boldsymbol{N}_i H)_{,y} \\ (\boldsymbol{N}_i H)_{,y} & (\boldsymbol{N}_i H)_{,x} \end{bmatrix}$$

$$\boldsymbol{B}_i^b = \begin{bmatrix} (\boldsymbol{N}_i \phi_a)_{,x} & 0 \\ 0 & (\boldsymbol{N}_i \phi_a)_{,y} \\ (\boldsymbol{N}_i \phi_a)_{,y} & (\boldsymbol{N}_i \phi_a)_{,x} \end{bmatrix} \quad (a = 1 \sim 4) \tag{7.3.8}$$

d 为节点位移向量，其中包括常规单元结点、裂纹贯穿单元节点及裂尖单元节点的位移。

$$d = \{ u_i \quad a_i \quad b_i^1 \quad b_i^2 \quad b_i^3 \quad b_i^4 \}^{\mathrm{T}} \tag{7.3.9}$$

F 为等效节点荷载向量，由各单元等效节点荷载集合而成（见图 7.3.3），表示物体在边界条件下的平衡状态；Γ_t、Γ_u、Γ_c 分别为外力边界、位移边界、裂纹边界；f_t、f_b 分别表示体力和外力

$$F = \{ f_i^u \quad f_i^a \quad f_i^{b1} \quad f_i^{b2} \quad f_i^{b3} \quad f_i^{b4} \}^{\mathrm{T}} \tag{7.3.10}$$

其中
$$f_i^u = \int_{\Gamma_t} N_i f_t \mathrm{d}\Gamma + \int_{\Omega} N_i f_b \mathrm{d}\Omega$$

$$f_j^a = \int_{\Gamma_t} N_j H f_t \mathrm{d}\Gamma + \int_{\Omega} N_j H f_b \mathrm{d}\Omega$$

$$f_k^{ba} \Big|_{a=1,2,3,4} = \int_{\Gamma_t} N_i \phi_a f_t \mathrm{d}\Gamma + \int_{\Omega} N_i \phi_a f_b \mathrm{d}\Omega \tag{7.3.11}$$

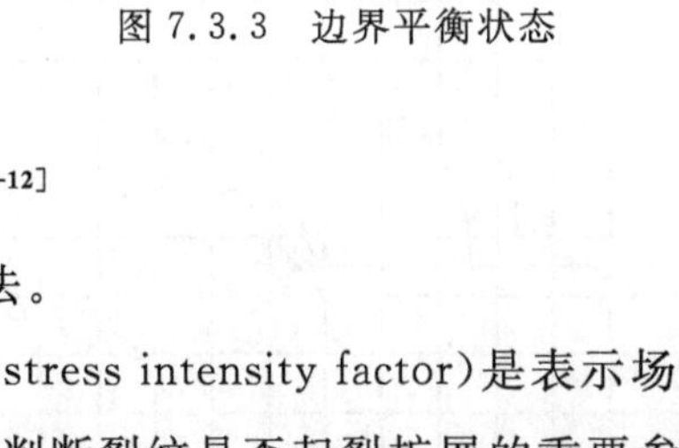

图 7.3.3　边界平衡状态

3. 应力强度因子的计算[9-12]

（1）应力强度因子计算方法。

如前所述，应力强度因子（stress intensity factor）是表示场强的物理量，控制了裂尖的应力场、应变场，也是断裂力学中判断裂纹是否起裂扩展的重要参数。其中，张开型（Ⅰ型）裂纹的应力强度因子表示为 K_{I}，剪切型（Ⅱ型）裂纹的应力强度因子表示为 K_{II}。应力强度因子的数值计算方法中，围线积分法（J 积分）计算应力强度因子精度较高。将 J 积分算法引入 XFEM 计算应力强度因子，裂纹尖端周线相互作用能量积分表达式为

$$I = \int_A \left[W^{(1,2)} \delta_{1,j} - \sigma_{ij} u_{i,1}^{(2)} - \sigma_{ij}^{(2)} u_{i,1} \right] q_{,j} \, \mathrm{d}A \qquad (7.3.12)$$

式中:上标(2)表示位移辅助场;A 为裂尖区域;$W^{1,2}$ 为应变能;$\delta_{1,j}$ 为 Kronecker Delta 函数;q 为光滑的权函数,$q_{,j} = \dfrac{\partial q}{\partial x_j}$。其偏导为

$$u_{1,1}^{(2)} = \frac{1}{4G} \left(\sqrt{\frac{r}{2\pi}} f_{1,1} + \frac{r_{,1} f_1}{2 \sqrt{2\pi r}} \right), \quad u_{1,2}^{(2)} = \frac{1}{4G} \left(\sqrt{\frac{r}{2\pi}} f_{1,2} + \frac{r_{,2} f_1}{2 \sqrt{2\pi r}} \right)$$

$$u_{2,1}^{(2)} = \frac{1}{4G} \left(\sqrt{\frac{r}{2\pi}} f_{2,1} + \frac{r_{,1} f_2}{2 \sqrt{2\pi r}} \right), \quad u_{2,2}^{(2)} = \frac{1}{4G} \left(\sqrt{\frac{r}{2\pi}} f_{2,2} + \frac{r_{,2} f_2}{2 \sqrt{2\pi r}} \right) \qquad (7.3.13)$$

式中:r 为极径,$r_{,1} = \dfrac{\partial r}{\partial x}$,$r_{,2} = \dfrac{\partial r}{\partial y}$,对于 K_{I},有:

$$f_1 = 2(\kappa - 1)\cos\frac{\theta}{2} + 2\sin\theta\sin\frac{\theta}{2}$$

$$f_2 = 2(\kappa + 1)\sin\frac{\theta}{2} - 2\sin\theta\cos\frac{\theta}{2} \qquad (7.3.14)$$

对于 K_{II},有:

$$f_1 = -2(\kappa + 1)\sin\frac{\theta}{2} + 2\sin\theta\cos\frac{\theta}{2}$$

$$f_2 = -2(\kappa - 1)\cos\frac{\theta}{2} + 2\sin\theta\sin\frac{\theta}{2} \qquad (7.3.15)$$

可以求得应力强度因子 K_{I}、K_{II} 的表达式

$$K_{\mathrm{I}} = \frac{E}{2} I_{\mathrm{I}} \qquad K_{\mathrm{II}} = \frac{E}{2} I_{\mathrm{II}} \qquad \text{(平面应力)} \qquad (7.3.16)$$

$$K_{\mathrm{I}} = \frac{E}{2(1 - \mu^2)} I_{\mathrm{I}} \qquad K_{\mathrm{II}} = \frac{E}{2(1 - \mu^2)} I_{\mathrm{II}} \qquad \text{(平面应变)} \qquad (7.3.17)$$

(2)积分区域的选取。

由式(7.3.12)可知,计算应力强度因子需取裂尖附近的特定范围作为附加函数的积分区域。通常计算仅取裂尖单元的区域,计算精度与裂尖的位置和裂尖单元面积 h(见图 7.3.4)有

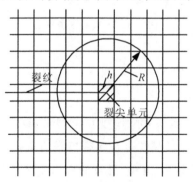

图 7.3.4　积分区域

很大的关系。若裂尖单元面积 h 趋于 0，则附加的加强函数也趋于 0，将使计算结果出现奇异。

　　将积分区域扩大化，取裂尖为圆心、R 为半径的圆作为积分区域，所有在圆内的节点需用裂尖渐进位移场函数加强。$R = r_k \sqrt{h}$，其中 r_k 为积分区域因子，通过 r_k 控制积分区域，避免了积分区域内附加函数为 0 的情况。

4. 数值算例[24]

　　图 7.3.5 所示为尺寸 1 m×2 m 的有限板，$\sigma = 1.0$ MPa，在板左侧有一裂纹 $a = 0.45$ m，板物理常量为：$E = 30$ MPa，$\nu = 0.3$，应力强度因子理论解为

$$K_{\mathrm{I}} = F\left(\frac{a}{b}\right) \sigma \sqrt{\pi a}$$

$$F(\xi) = 1.12 - 0.231\xi + 10.55\xi^2 - 21.72\xi^3 + 30.39\xi^4 \quad \left(\xi = \frac{a}{b} < 0.6\right) \quad (7.3.18)$$

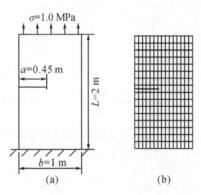

图 7.3.5　单边裂纹计算模型

(a)几何模型；(b)有限元网格

　　由式(7.3.18)计算可得 K_{I} 的理论解为：$K_{\mathrm{exac}} = 2.8766$。采用 XFEM 将计算区域分别划分为 10×12、24×36、42×52、68×74、86×98、100×120 的有限元网格，计算不同积分区域因子($r_k = 1.0 \sim 5.0$)时应力强度因子的数值解 K_{num}，理论解与数值解的比值定义为应力强度因子的相对值 K

$$K = \frac{K_{\mathrm{exac}}}{K_{\mathrm{num}}} \tag{7.3.19}$$

　　表 7.3.1 所列为不同网格密度及 r_k 所对应的应力强度因子的相对值；图 7.3.6 是 $r_k = 3.0$ 时，网格密度对应力强度因子的影响；图 7.3.7 是网格密度为 68×74 时，r_k 对应力强度因子的影响曲线。从表 7.3.1、图 7.3.6 及图 7.3.7 中可以看出：①误差随着网格数的增大而逐渐减小，当计算网格达到 6000 左右时对结果的影响就可忽略。②当积分区域因子小于 2.5 时，计算结果不稳定；大于 2.5 时，基本趋于稳定，建议积分区域因子取 2.5～3.0。

表 7.3.1　不同网格和积分区域因子的应力强度因子相对值 K

网格数	积分区域因子 r_k								
	1.0	1.5	2.0	2.5	3.0	3.5	4.0	4.5	5
120	0.965 4	0.994 9	0.940 8	0.933 4	0.932 6	0.927 2	0.931 9	0.934 7	0.901 6
864	1.014 1	0.989 6	0.981 2	0.976 2	0.978 1	0.977 6	0.977 3	0.977 8	0.977 6
2 268	1.018 7	1.002 2	0.991 0	0.985 4	0.986 1	0.987 3	0.986 5	0.987 1	0.987 0
5 932	1.029 3	1.002 0	1.008 0	0.992 2	0.992 1	0.993 9	0.992 9	0.993 1	0.993 5
8 428	1.032 1	1.010 1	1.004 6	0.993 8	0.994 1	0.995 8	0.994 9	0.995 0	0.995 3
12 000	1.022 0	1.011 7	0.999 9	0.994 6	0.995 2	0.996 5	0.995 8	0.995 7	0.996 0

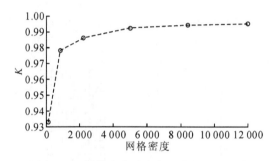

图 7.3.6　网格密度对应力强度因子的影响

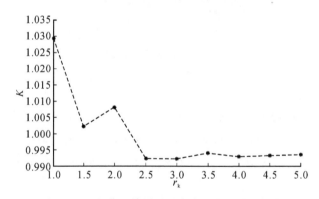

图 7.3.7　积分区域因子对应力强度因子的影响

此算例表明,XFEM 在计算材料断裂问题时,有限元网格完全独立于裂纹面,不需在裂纹尖端处布置高密度的网格,无需满足裂纹面作为单元边、裂尖作为单元节点的要求,简化了前处理,提高了计算效率。不同网格密度、积分区域对应力强度因子计算精度有影响。网格密度对计算结果影响较小,积分区域因子 r_k 对计算结果的影响较大,对于有限板单边断裂问题,建议取 $r_k = 2.5 \sim 3.0$,对于无限板单边断裂问题,建议取 $r_k = 3.0$。

7.4　分子动力学模拟方法(MD)[26,27]

　　分子动力学方法(Molecular Dynamics,MD)是一种重要的原子尺度计算机模拟手段,该方法主要是依靠牛顿力学来模拟分子体系的运动,从中抽取样本计算体系的构型积分,以构型积分的结果为基础进一步计算体系的热力学量和其他宏观性质。它能够提供材料变形过程中原子运动的细节,深入揭示其复杂的机制,发现本质上崭新的现象。

　　具体而言,分子动力学是利用原子的原子核来代表其运动的轨迹,在由其他所有原子核和电子所提供的势场下,通过对原子核求解牛顿运动学方程,得到每个原子的加速度、速度、位移等相关物理信息。然后运用热力学统计理论,推导出物质的宏观性质。简而言之,分子动力学就是广义牛顿运动方程的数值积分。

　　1957 年,Alder 和 Waight 首次采用分子动力学方法成功解决了硬球模型系统的固液相变问题,初步展现了分子动力学处理多体问题的强大能力。1972 年,Lees 和 Edwards 首先将分子动力学模拟应用于非平衡态的研究,进一步扩展了分子动力学方法的应用范围。此后,分子动力学方法以其强大的处理多体问题的能力,逐步扩展应用到不同的领域,但由于软硬件等方面的欠缺,早期的模拟在空间尺度和时间尺度上都受到很大限制。20 世纪 80 年代以来,计算机的飞速发展以及多体势函数的提出,使得分子动力学的研究更加活跃,被广泛应用于凝聚态物理、纳米力学、材料科学、核技术、化学反应动力学和生物化学等领域。

　　发展至今,很多在实验中无法获得的微观细节,在分子动力学模拟中可以很方便的得到,从而使得其在新材料的研发、材料的介观和宏观性质研究等领域显示出巨大的优势。

　　本节主要介绍分子动力学模拟的方法理论,包括基本原理、模拟步骤、运动方程的数值积分算法、初始条件和边界条件、温度和压力控制方法、势函数等内容,以及分子动力学模拟在断裂力学中的应用。

7.4.1　基本原理

　　根据分子动力学理论,由 N 个粒子组成的系统的运动微分方程,可利用拉格朗日函数表示为

$$\frac{\mathrm{d}}{\mathrm{d}t}\frac{\partial L}{\partial \dot{r}_i}-\frac{\partial L}{\partial r_i}=0,\quad i=1,2,\cdots,N \tag{7.4.1}$$

式中:拉格朗日函数 L 是质点位置矢量 $r_i=(x_i,y_i,z_i)$ 及 $\dot{r}_i(i=1,2,\cdots,N)$ 的函数。拉格朗日函数 L 可表示为动能函数 T 与系统势能函数 U 之差,即

$$L=T-U \tag{7.4.2}$$

　　对一个自由的、无互相作用的、总数为 N 的质点系,满足所有上述要求的拉格朗日函数可由系统动能函数 T 表述如下

$$L = T = \sum_{i=1}^{N} \frac{m_i}{2}(\dot{x}_i^2 + \dot{y}_i^2 + \dot{z}_i^2) = \sum_{i=1}^{N} \frac{m_i \dot{r}_i^2}{2} \tag{7.4.3}$$

式中：m_i 为粒子 i 的质量。

如果该质点系中质点间存在着相互作用，则在上式中需加上一个取决于其相互作用性质、且依赖于原子间相对坐标的势能函数 U，该函数在 L 中以其负号来定义。这样整个分子动力学系统的拉格朗日函数可表示为

$$L = T - U = \sum_{i=1}^{N} \frac{m_i \dot{r}_i^2}{2} - U(r_1, r_2, \cdots, r_n) \tag{7.4.4}$$

式中：右端的两项分别表示系统的动能和势能。这一表达式给出了一个保守系统中相互作用的质点系在笛卡尔坐标下拉格朗日函数的一般结构，这种拉格朗日函数的结构需注意两点，一是动能项的可加性，二为没有显式的时间依赖项。

将式(7.4.4)的拉格朗日函数代入式(7.4.1)，经过简单的微分运算后可得由牛顿第二定律表达的经典分子动力学的运动方程：

$$m_i \ddot{r}_i = -\frac{\partial U(r_1, r_2, \cdots, r_n)}{\partial r_i} = F_i, \quad i = 1, 2, \cdots, N \tag{7.4.5}$$

式中：F_i 是 i 质点所受的内力，即系统中其他质点对 i 质点作用力的合力。由式(7.4.5)可知，系统中任一质点 i 所受的力为势能的梯度。

由牛顿运动方程(7.4.5)建立线性方程组，给定初始条件(初始位置、初始速度)，求解每个粒子的运动方程，就可以得到相空间中各粒子的速度和运动轨迹。

分子动力学模拟主要可分为四步：

(1)确定初始构型。一个能量较低的初始构型是进行分子模拟的基础，一般分子的初始构型主要通过实验数据或量子化学计算来确定。初始构型确定后，选择适当的势函数，然后就可以根据物理学规律通过模拟计算得到所需的守恒量。

(2)给定初始条件。在确定初始构型之后，为求解运动方程，要给定粒子的初始位形和速度等参数。按照不同的算法，需要给定不同的初始条件。

(3)趋于平衡计算。在模拟所需的初始条件和边界条件确定后，便可求解运动方程并进行模拟，在这个过程中，通过增加或减少系统的能量来达到所要求的能量。

(4)宏观物理量的计算。在模拟的最后阶段进行宏观物理量的计算，可通过沿着相空间轨迹求平均计算而得到。

具体的模拟流程如图 7.4.1 所示。

7.4.2 初始条件

在分子动力学模拟中，初始条件主要包括初始位置和初始速度。在分子动力学模拟过程中，计算模型往往是通过实验数据或理论模型而建立的，但是这些模型的原子状态不一定处在最稳定的状态，因此，需要对模型进行弛豫和能量最小化的优化，从而使模型达到能量最低的

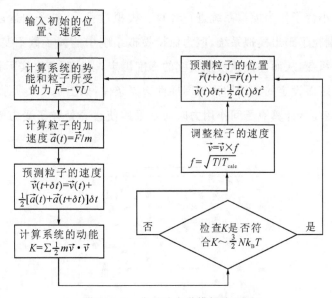

图 7.4.1　分子动力学模拟流程图

最稳定状态,这个过程也是初始条件设定的基本过程。

弛豫为模拟系统从非平衡态逐渐恢复到平衡态的过程。这个过程所需要的时间为弛豫时间。能量最小化即求势能函数的极小值的过程,使得系统内部的能量逐步降低,最终达到结构的能量最小化。常用方法有:最速下降法、共轭梯度法、牛顿-拉森法(Newton-Raphson method)等。合适的最小能量化方法可以减少计算时间和计算机的储存量。

系统中原子的速度 v 和系统的温度 T 有着非常密切的关系,且服从麦克斯韦-玻尔兹曼分布,即

$$\rho(v) = 4\pi \left(\frac{m}{2\pi k_B T}\right)^{\frac{3}{2}} \exp\left(-\frac{1}{2}\frac{mv^2}{k_B T}\right) v^2 \qquad (7.4.6)$$

式中:m 为原子质量;$k_B = 1.3806 \times 10^{-23}$ J/K,为玻尔兹曼常数;$\rho(v)$ 为速度 v 的概率密度。

如果体系中的原子速度均符合(7.4.6)式,则表明系统中原子的能量最小化。但是在计算前,仍要检查原子速度的分布,并且使体系中所有原子的各方向的总动量为零,达到这个目的通常的手段是在初始温度 T 的条件下进行足够长时间的弛豫过程,从而使系统达到能量的最小状态。如若不经过弛豫过程而直接进行计算,会使分子动力学模拟结果产生较大的误差,甚至会造成模拟结果的不收敛。

7.4.3　边界条件

分子动力学模拟中,边界条件分为周期性边界条件和非周期性边界条件。

1. 周期性边界条件

对周期性边界条件而言,在模拟中整个系统被分为很多粒子数和运动状态相同的小盒子,

只选择其中的一个小盒子作为模拟系统进行计算。模拟过程中,粒子的运动并不受盒子的影响,因此必将有个别粒子跑出模拟系统,但为保持模拟系统中的粒子数不变,也必将有相同数目的粒子跑进模拟系统,从而保证该模拟系统的密度恒定,以达到符合实际状况的目的。这种为保证体系密度恒定而设定的条件即称为周期性边界条件,如图 7.4.2 所示。另外,为了消除计算过程中的边界效应,计算原子间作用力时通常采用使边界处粒子受力较为全面的最近镜像的方法。

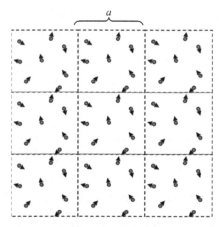

图 7.4.2　周期性边界条件示意图(a 表示元胞大小)

2. 非周期性边界条件

在模拟过程中,选定的模拟系统是孤立的,不会跟周围的粒子有相互作用。在实际应用中,非周期性边界条件主要应用于不具备周期性的边界、非平衡或非均匀的系统中。

在分子动力学模拟过程中,应根据模拟对象和目的不同选取合适边界条件:在模拟大尺寸块体材料时,可以选取一个单胞,而在 x、y、z 三个方向均采用周期性边界条件;针对纳米薄膜的模拟,一般厚度方向不设为周期性,而在另两个方向设为周期性边界条件;当模拟对象为纳米丝时,则仅在长度方向设定为周期性边界;模拟蛋白质分子、长细比不是很大的纳米棒,则通常选用非周期性边界条件。

7.4.4　势函数

分子动力学模拟的基础是原子间的相互作用势,势函数选取直接决定了分子动力学模拟结果的准确性。势函数发展至今,经历了从对势到多体势的发展历程。

对势是指在模拟计算过程中,粒子间的相互作用只是两个粒子间相互作用,与其他粒子无关。这类势函数可以描述大部分的无机化合物的相互作用。主要的对势有:描述金属间相互作用的 Morse 势;处理粒子晶体的 Born – Mayer 势;适合惰性气体原子的 Lennard – Jones 势;用于壳核模型氧化物的 Buckingham 对势,等等。

在多原子的体系中,原子间的相互作用和周围原子也有关,其位置也影响着周围原子之间的相互作用,这种便是多体势。常见的多体势有:Tersoff 势、嵌入原子法(Embedded Atom Method,EAM);Baskes 等对 EAM 进行了修正,从而有了 MEAM 势,即修正的嵌入原子法;ZBL 势在粒子辐照中也得到了广泛的应用,等等。

下面介绍几种常用的势函数。

1. Tersoff 势

原子间相互作用势函数为

$$E = \sum_i E_i = \frac{1}{2} \sum_{i \neq j} V_{ij} \tag{7.4.7}$$

其中

$$V_{ij} = f_c(r_{ij}) [f_R(r_{ij}) + b_{ij} f_A(r_{ij})] \tag{7.4.8}$$

式中:E 是体系的总能量;V_{ij} 为 i、j 原子间的成键能量;f_A 和 f_R 分别是对势的吸引项和排斥项;f_c 是光滑截断半径;b_{ij} 为键序函数;r_{ij} 为原子间距离。由于系数 b_{ij} 不是一个常数,它不仅取决于 i、j 原子的位置,而且还与 i 粒子周围的近邻原子有关,因此 Tersoff 势实际上是一个多体势。

2. Tersoff/ZBL 势

Tersoff/ZBL 通过将多体势 Tersoff 函数[15]与 ZBL(Ziegler – Biersack – Littmark)普适屏蔽函数[16]平滑地衔接在一起形成一种作用势,能很好地描述荷能粒子与靶原子之间的碰撞过程。

原子间的作用势函数为

$$E = \frac{1}{2} \sum_i \sum_{j \neq i} V_{ij} \tag{7.4.9}$$

其中,原子间的成键能量为

$$V_{ij} = (1 - f_F(r_{ij})) V_{ij}^{ZBL} + f_F(r_{ij}) V_{ij}^{Tersoff} \tag{7.4.10}$$

式中:$f_F(r_{ij})$ 是保证 ZBL 与 Tersoff 平滑连接的函数

$$f_F(r_{ij}) = \frac{1}{1 + e^{-A_F(r_{ij} - r_C)}} \tag{7.4.11}$$

ZBL 势函数表达式为

$$V_{ij}^{ZBL} = \frac{1}{4\pi\varepsilon_0} \frac{Z_1 Z_2 e^2}{r_{ij}} \varphi(r_{ij}/a) \tag{7.4.12}$$

式中:r_C 则是针对 ZBL 势的截断半径;Z_1、Z_2 表示质子数;e 表示电子电荷量;ε_0 为介电常数;r_{ij} 为原子间的距离;常数 a 为

$$a = \frac{0.8854a_0}{Z_1^{0.23} + Z_2^{0.23}} \tag{7.4.13}$$

函数 $\varphi(x)$ 的表达式为

$$\varphi(x) = 0.1818e^{-3.2x} + 0.5099e^{-0.9423x} + 0.2802e^{-0.4029x} + 0.02817e^{-0.2016x} \tag{7.4.14}$$

Tersoff 势函数表达式为(同式(7.4.8))

$$V_{ij}^{\text{Tersoff}} = f_C(r_{ij})[f_R(r_{ij}) + b_{ij}f_A(r_{ij})] \tag{7.4.15}$$

3. AIREBO 势

AIREBO 势(Adaptive Intermolecular Reactive Empirical Bond Order)是对 REBO 势的改进和推广,增加了长程相互作用项和扭曲项。AIREBO 势函数的表达式为

$$E = \frac{1}{2}\sum_i \sum_{j \neq i}\left[E_{ij}^{\text{REBO}} + E_{ij}^{LJ} + \sum_{k \neq i,j}\sum_{l \neq i,j,k} E_{kijl}^{\text{TORSION}}\right] \tag{7.4.16}$$

其中

$$E_{ij}^{\text{REBO}} = \sum_i \sum_{j(>i)}[V^R(r_{ij}) - b_{ij}V^A(r_{ij})] \tag{7.4.17}$$

式中:r_{ij} 是 i 原子和 j 原子间的距离;$V^R(r_{ij})$ 表示两原子间的排斥作用;b_{ij} 为键序函数,反映了原子间共价键作用的主要特征,$V^A(r_{ij})$ 表示两原子间的吸引作用;

$$E_{ij}^{LJ} = 4\varepsilon_{ij}\left[\left(\frac{\sigma_{ij}}{r_{ij}}\right)^{12} - \left(\frac{\sigma_{ij}}{r_{ij}}\right)^6\right] \tag{7.4.18}$$

式中:ε_{ij} 是能量参数;σ_{ij} 为长度参数,可以在统计物理学常数表中查阅。$E_{kijl}^{\text{TORSION}}$ 为依赖于二面角的四体势扭转项。

4. EAM 势

多体势于 20 世纪 80 年代初期开始出现,Daw 和 Baskes 在 1984 年首次提出了嵌入原子法(EAM)。EAM 势的基本思想是把晶体的总势能分成两部分:一部分是位于晶格点阵上的原子核之间的相互作用对势,另一部分是原子核镶嵌在电子云背景中的嵌入能,它代表多体相互作用。构成 EAM 势的对势与嵌入能的函数形式都是根据经验选取的。

在嵌入原子法中,系统的总势能表示为

$$U = \sum_i F_i(\rho_i) + \frac{1}{2}\sum_{j \neq i}\varphi_{ij}(r_{ij}) \tag{7.4.19}$$

式中:F 是嵌入能;第二项是对势项,根据需要可以取不同的形式。φ_{ij} 是第 i、j 两原子间作用势;ρ_i 可以表示为

$$\rho_i = \sum_{j \neq i}\rho_{ij}(r_{ij}) \tag{7.4.20}$$

$\rho_{ij}(r_{ij})$ 是第 j 个原子的核外电子在第 i 个原子处贡献的电荷密度;r_{ij} 是第 i 个原子与第 j 个原子之间的距离。对于不同的金属,嵌入能函数和对势函数需要通过拟合金属的宏观参数来确定。

Finnis 和 Sinclair 根据金属能带的紧束缚理论,提出了一种在数学上等同于 EAM 的势函数,并给出了多体相互作用势的函数形式,即将嵌入能函数设为平方根形式。Ackland 等在此基础上通过拟合金属的弹性常数、点阵常数、空位形成能、聚合能及压强体积关系给出了 Cu、Al、Ni、Ag 的多体势函数。其中式(7.4.19)中的多体项及对势项分别为

$$\rho_{ij}(r_{ij}) = \sum_{k=1}^{2} A_k(R_k - r_{ij})^3 H(R_k - r_{ij}) \tag{7.4.21}$$

$$\varphi_{ij}(r_{ij}) = \sum_{k=1}^{6} a_k(r_k - r_{ij})^3 H(r_k - r_{ij}) \tag{7.4.22}$$

式中：当 $x>0$ 时，$H(x)=0$，当 $x<0$ 时，$H(x)=1$，A_k、R_k、a_k、r_k 为常数，且有 $R_1>R_2$，$r_1>r_2>\cdots>r_6$，它们的值随金属物质不同而有所不同。

7.4.5　数值积分算法

针对多粒子体系方程的解，可以采用有限差分法来求解。将整个过程的积分分成时间间隔为 δt 的很多步；在 t 时刻，作用在每个粒子上的合力即为所有粒子相互作用力的矢量和；进而根据牛顿运动学原理得到此粒子的加速度。根据 t 时刻的位置和速度，可以确定 $t+\delta t$ 时刻的位置和速度，因此在 $t+\delta t$ 时刻的粒子的力可以求得，依此类推，即可求出 $t+2\delta t$ 时刻的位置和速度等。

在分子动力学模拟中，选择合适的积分算法可以节省计算时间、节省计算机内存。Verlet 算法、Leap‐frog 算法、Gear 预测–校正法和 Velocity Verlet 等算法是几种常见的时间积分算法。

Verlet 算法[18]是分子动力学研究中使用最广泛的算法，但是处理速度不是很理想，可导致不同物理量间的精度差异。在分子动力学数值软件 LAMMPS 中，系统运动方程求解采用速度形式的 Verlet 算法（Velocity‐Verlet）。该算法可以解决 Verlet 算法的不足，同时获得相同精度的原子位置和速度，在每步积分中只需存储一个时刻的状态变量，模拟稳定性较好，同时允许较大的时间步长，因此在分子动力学积分运算中得到广泛的应用。具体形式如下所示

$$\begin{cases} r(t+\Delta t) = r(t) + v(t)\Delta t + \dfrac{\Delta t^2}{2}F(t) \\[2mm] v(t+\dfrac{\Delta t}{2}) = v(t) + \dfrac{\Delta t}{2}\dfrac{F(t)}{m} \\[2mm] F(t+\Delta t) = -\dfrac{\partial U(r(t+\Delta t))}{\partial r(r+\Delta t)} \\[2mm] v(t+\Delta t) = v(t+\dfrac{\Delta t}{2}) + \dfrac{\Delta t}{2}\dfrac{F(t+\Delta t)}{m} \end{cases} \tag{7.4.23}$$

式中：t 为时间；Δt 为时间增量；r 为原子位置；v 为原子的速度；m 为原子质量；F 表示原子所处的力场；U 为势能。

7.4.6　系综

系综是指在一定的宏观条件下，大量性质和结构完全相同的、处于各种运动状态的、各自独立的系统的集合。分子动力学中，为了研究系统的微观状态与宏观热力学性质的对应规律

而引入了系综的概念。主要的系综如下。

(1)微正则系综(NVE)。该系综是孤立的、保守的系统，即模拟系统中粒子数 N、体积 V 和能量 E 均保持不变。在系统的演化过程中，系统能量自然保持守恒，无需对系统进行能量控制。

(2)正则系综(NVT)。该系综是指模拟系统的粒子数 N、体积 V 和温度 T 都保持不变。在恒温下，系统与外界发生能量交换，使得模拟系统的总能量不守恒。通常通过让系统与外界的热浴处于热平衡状态而保持系统的温度不变，也可通过对速度进行直接标度来实现温度的恒定。

(3)等温等压系综(NPT)。该系综是指模拟系统中的粒子数 N、压力 P 和温度 T 均保持不变。通过对速度施加约束来实现对温度的控制；通过标度系统的体积来实现对压力的调节，但由于系统的压力与其体积是共轭量，因此，对压力的控制相对较复杂。

7.4.7　温度控制方法

早期的分子动力学以微正则系综为主要研究对象，即模拟系统不与外界发生任何物质和能量的交换。然而在现实世界中，孤立的系统并不存在。改变状态变量(压力 P、温度 T、体积 V、应力 S 等)可以产生不同的系综，如利用温度调控机制既可使系统的温度维持在给定值，也可根据外界环境温度的变化使系统温度随之涨落。

一个合理的温控机制能够产生正确的统计系综，保证调温后各粒子位形发生的概率满足统计力学法则，因此，在实际模拟中必须根据被研究系统的特征来选择合理的温控机制。目前常用的控温方式包括直接速度标定法、Berendsen 温控机制和 Nose‐Hoover 温控机制。Nose‐Hoover 温控机制是常用的外部热浴法，此方法不仅可以把任意数量的原子与热浴进行耦合，并且可以消除局部区域的相关运动。此外，该方法还能够模拟宏观系统温度涨落的现象。

Nose‐Hoover 温控机制的基本思想是将模拟系统和一个恒温的外部热浴进行耦合，引入广义变量 s，它能直接反映系统与热浴之间的相互作用，从而将真实系统与热浴看作一个统一的扩展系统。这个扩展系统的哈密顿量是

$$H^* = \frac{1}{2ms^2}\sum_{i=1}^{N}\widetilde{p}_i^2 + U(\widetilde{r_1},\widetilde{r_2},\cdots,\widetilde{r_N}) + 3Nk_BT_C\ln s + \frac{p_s^2}{2Q} \qquad (7.4.24)$$

式中：$\widetilde{r_i}$ 是扩展系统的广义坐标；$\widetilde{p}_i$ 为扩展系统的广义动量；Q 是广义变量 s 的质量；p_s 是广义变量 s 的共轭动量，U 为势能；m 为原子质量；k_B 为玻尔兹曼常数；T_C 为当前温度。真实系统的坐标、动量、时间与扩展系统的相应变量间存在如下关系

$$r_i = \widetilde{r_i}, p_i = \frac{1}{s}\widetilde{p}_i, \mathrm{d}t = \frac{1}{s}\mathrm{d}\widetilde{t} \qquad (7.4.25)$$

由式(7.4.24)得到扩展系统的运动方程为

$$\frac{\mathrm{d}\widetilde{r_i}}{\mathrm{d}\widetilde{t}} = \frac{\partial H^*}{\partial \widetilde{p}_i} = \frac{\widetilde{p}_i}{ms^2} \tag{7.4.26}$$

$$\frac{\mathrm{d}\widetilde{p}_i}{\mathrm{d}\widetilde{t}} = -\frac{\partial H^*}{\partial \widetilde{r_i}} = -\frac{\partial U}{\partial \widetilde{r_i}} = F_i \tag{7.4.27}$$

$$\frac{\mathrm{d}s}{\mathrm{d}\widetilde{t}} = \frac{\partial H^*}{\partial p_s} = \frac{p_s}{Q} \tag{7.4.28}$$

$$\frac{\mathrm{d}p_s}{\mathrm{d}\widetilde{t}} = \frac{\partial H^*}{\partial s} = \frac{1}{s}\left(\frac{1}{ms^2}\sum_{i=1}^{N}\widetilde{p}_i^2 - 3Nk_{\mathrm{B}}T_{\mathrm{C}}\right) \tag{7.4.29}$$

转换到真实系统为

$$\frac{\mathrm{d}r_i}{\mathrm{d}t} = \frac{p_i}{m} \tag{7.4.30a}$$

$$\frac{\mathrm{d}p_i}{\mathrm{d}t} = F_i - \frac{\mathrm{d}s}{s\,\mathrm{d}t}p_i \tag{7.4.30b}$$

$$\frac{\mathrm{d}s}{s\,\mathrm{d}t} = \frac{p_s}{Q} \tag{7.4.30c}$$

$$\frac{\mathrm{d}p_s}{\mathrm{d}t} = 3Nk_{\mathrm{B}}(T - T_{\mathrm{C}}) \tag{7.4.30d}$$

式(7.4.30)即为与外部热浴耦合的真实系统的哈密顿正则方程。

为表达简易,令 $\eta = p_s/Q$,得到真实系统的运动方程为

$$\dot{r}_i = \frac{p_i}{m} \tag{7.4.31a}$$

$$\dot{p}_i = F_i - \eta p_i \tag{7.4.31b}$$

$$\ddot{r} = \frac{F_i}{m} - \dot{\eta}\,\dot{r}_i \tag{7.4.31c}$$

$$\dot{\eta} = \frac{1}{\tau^2}\left(\frac{T}{T_{\mathrm{C}}} - 1\right) \tag{7.4.31d}$$

式中:τ 为热浴的弛豫时间,其定义式为

$$\tau = \sqrt{\frac{Q}{3Nk_{\mathrm{B}}T_{\mathrm{C}}}} \tag{7.4.32}$$

τ 决定了系统温度趋于恒定的速度,一般可取与模拟时间步长大小相等或为时间步长的数倍。

7.4.8　压力控制方法

当模拟不同外界压力下体系的物理行为时,需要采用恒压分子动力学方法对系统压力进行控制。

对于各向同性体系,瞬时压力 P 定义为

$$P = \frac{1}{V}\left(\frac{2}{3}K + W\right) \tag{7.4.33}$$

$$W = \frac{1}{3} F_{ij} r_{ij} \tag{7.4.34}$$

式中:V 表示体系的体积;K 是体系的总动能;W 为体系的瞬时维里(virial)量;F_{ij} 和 r_{ij} 分别代表 i 和 j 粒子间的相互作用力和距离。

由式(7.4.33)和式(7.4.34)可知,系统压力的变化可通过体积改变来实现。类似于温度控制中的直接速度标定法,压力控制中存在一种直接体积标定法。该法要求在一定时间步内将系统体积自动重分配以达到目标压力值。计算中引入材料的体积模量 B,并在每个时间步内计算系统应力,由体积模量和应力,得到系统的体积变化为

$$\frac{\Delta L_i}{L_i} = n \frac{B}{3S_i} \tag{7.4.35}$$

式中:L_i 是计算单胞在 i 方向上的尺寸;S_i 为 i 方向上的应力;n 是一个控制参数。调节元胞趋向合适的尺寸,即可使压力达到期望值。直接体积标定法可以控制计算元胞在空间各个方向上独立变化,但难以从理论上证明其得到的是恒压系综。

7.4.9　应力的计算

需要指出的是,由离散原子构成的纳米系统中应力的概念与连续介质中应力的概念有所不同,需要采用系统的平均应力。

Jin 等在研究碳纳米管力学性能时给出了纳米系统下平均应力的计算公式

$$\sigma_{\alpha\beta} = -\frac{1}{2V_0} F_{ij}^{\beta} r_{ij}^{\alpha} \tag{7.4.36}$$

式中:$\sigma_{\alpha\beta}$ 表示在笛卡尔坐标下系统原子水平的平均应力;F_{ij}^{β}、r_{ij}^{α} 分别表示原子 i 与原子 j 之间的相互作用力和距离;V_0 为模型初始状态下的体积。

7.4.10　分子动力学模拟常用软件

随着分子动力学的发展,大量的模拟软件也得到了应用,其中包括 NAMD、GROMACS、AMBER、LAMMPS 和 IMD。其中较常使用的 LAMMPS 是由美国 Sandia 国家实验室开发的经典分子动力学软件。该软件以 GPL 发布,即开放源代码且可以免费获取使用,因此,使用者可根据自己的需要对其源代码进行修改。LAMMPS 即 Large-scale Atomic/Molecular Massively Parallel Simulator,可翻译为大规模原子分子并行模拟器,主要用于分子动力学相关的一些计算和模拟工作,一般来讲,分子动力学所涉及到的领域,LAMMPS 代码也均有所涉及。

LAMMPS 支持包括气态、液态或者固态相形态下、各种系综下、百万级的原子分子体系,并提供多种势函数。此外,LAMMPS 有良好的并行扩展性,因此,在目前利用分子动力学进行微观尺度下的研究中具有广泛应用。

7.4.11　分子动力学在断裂力学中的应用

随着现代科学技术的不断发展,对裂纹萌生和扩展机理的研究日益深入。裂纹萌生和扩展的研究是一个涉及到材料、力学等多学科的综合性研究领域。由于裂纹的萌生和扩展实际上是在原子或分子尺度上进行的,新的研究方法和理论都涉及到裂纹萌生和扩展的微观特性。用连续介质力学描述这类处于原子、分子状态的固体或者液体的动力学特性显然不合适,宏观连续介质力学的理论和传统实验手段也无法适应这种微观领域的研究。这就需要应用近代物理、化学和材料科学等多学科的研究成果,在原子或者分子尺度上研究裂纹萌生和扩展的微观特性,并建立起微观特性与宏观行为的联系,解释裂纹萌生和扩展的内在本质规律。

近年来,利用计算机模拟技术研究材料的力学性能日益成为人们感兴趣的课题。由于计算机处理速度迅速地提高,计算机模拟已经和实验观察、理论分析并列成为当前科学研究的三种方法。计算机模拟的数据可以用来比较、验证各种近似理论;同时,计算机模拟方法还可用来对实验和模型进行比较,从而提供了评估一个模型正确与否的手段。计算机模拟方法还有一个优点就是可以沟通理论和实验。某些量或行为可能是无法或者难以在试验中测量的。而用计算机模拟方法,这些量可以被精确地计算出来。分子动力学模拟方法以其建模简单,模拟结果准确的特征而备受研究者的关注。

晶体是由大量原子有序排列而成,材料的强度依赖于原子间的相互作用,材料的塑性依赖于原子间的相对运动,因此,直接从原子尺度上对材料的微观力学行为进行研究显得非常必要。分子动力学模拟技术既能得到原子运动的轨迹,还能像做实验一样观察。越来越多的学者应用分子动力学方法,来研究裂纹萌生和扩展时的规律和机理,取得了不少进展。

下面给出一个分子动力学计算铁 I 型裂纹拉伸应力强度因子的算例[28]。

如图 7.4.3 所示,一铁材质立方体,长宽高皆为 600 Å(1 Å=0.1 nm=10^{-10} m)。裂纹位于立方体正中央 xOy 平面内,沿 x 方向贯通整个立方体。裂尖为原子型锐化裂尖。拉伸方向垂直于 xOy 平面,加载时沿 z 轴从两端拉伸立方体。

分子动力学模拟中,设置裂纹面所在平面为周期性边界条件,赋予拉伸端原子恒定初速度来施加拉伸荷载,直到裂纹扩展完成。图 7.4.4 为裂纹扩展过程。

初始裂纹设置可以通过消除两层原子之间的键-键作用力而引入裂纹缺陷。裂尖形式为原子级别的锐化裂尖。在拉伸达到 3.2% 时,裂尖区域的原子键拉伸至与水平面呈 45°角后开始断裂,但是裂尖在前进一小段距离后,裂尖区域 BCC 晶体独有的晶格体系开始出现滑移,形成位错,并且有些位错开始向面外滑移,进一步促进裂尖区域的位错形成。在拉伸达到 3.5% 时,裂尖区域的位错堆垛达到极限,此时裂尖开始前进,并一直扩展。

根据应变 ε,应用胡克定律计算出应力 σ。根据这个应力和初始裂纹半径 a,可以计算出应力强度因子

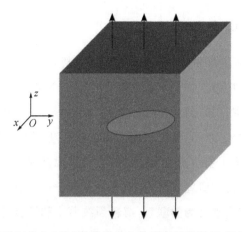

图 7.4.3 BCC(体心立方)单晶铁立方体模型示意图(中间是币形裂纹)

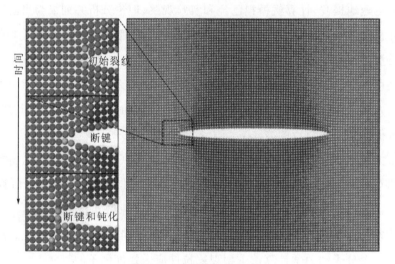

图 7.4.4 裂纹扩展过程

$$K_I = 2\sigma \sqrt{a/\pi}$$

在拉伸应变达到 3.1% 时,应力为 6930 MPa,K_I 为 0.72 MPa·$\sqrt{m}$;在拉伸应变达到 3.2% 时,产生第一个位错,应力为 7153 MPa,K_I 为 0.74 MPa·$\sqrt{m}$。

第8章 板壳断裂力学

8.1 引言

在断裂力学中,平面断裂力学是这门学科中最为成熟的部分,其原理和分析方法都已系统而完整地建立起来,对各类平面裂纹问题的分析结果,也较为详尽地载入了《应力强度因子手册》。然而对于板壳弯曲断裂问题,情形则不同。与平面受力状态的结构相比,承受横向载荷的板壳是工程中更为常见的结构形式,在航空、化工领域更是重要的承载结构。所以,板壳弯曲断裂问题具有重要的实用价值。为了保证其安全使用,避免低应力脆断和疲劳破坏,以及安全设计、合理选材等目的,必须要深入了解含裂纹板壳的真实受力状态。

另一方面,板壳弯曲断裂要比平面断裂问题复杂得多[18,19]。板壳除了有面内位移外,还有面外位移。板壳内的应力应变场沿厚度方向变化,而平面问题中应力和位移与厚度方向无关。因此,板壳问题实质上是三维力学问题,板壳实用理论是对三维问题的各种二维近似。对于无裂纹的板壳结构,已经较早建立起了满足工程分析需要的实用有效的理论,其中应用最广泛的是 Kirchhoff(基尔霍夫或克希霍夫)经典板理论和考虑了横向剪切变形的 Reissner(瑞斯纳)型板壳理论。为了分析含裂纹板壳结构,需要对这些实用板壳理论进行深入的研究。

平板的自由边界条件应该有三个,即法向弯矩、扭矩和横向剪力的边界条件。但是 Kirchhoff 板弯曲断裂理论的基本微分方程为四阶,只需要两个边界条件。Kirchhoff 引入了等效剪力的概念,将扭矩和横向剪力两个独立的边界条件合并为一个。根据 St. Venant(圣维南)原理,这样做仅仅显著地改变了自由边界附近很小区域的局部应力,因而经典薄板理论具有足够的工程精度。但是板的裂纹面就是自由边界,弯曲裂纹尖端是两个自由边界相交的特殊角点。这就显示了经典薄板弯曲断裂理论的严重理论缺陷。而 Reissner 型板壳理论,能够同时满足自由边界上的三个边界条件,因而具有较高的分析精度。但由于其微分方程阶次较高,对其裂纹尖端场的理论研究曾经进展缓慢。

总体而言,由于工程中对板壳弯曲断裂问题研究的广泛需要,在经典薄板弯曲断裂理论、Reissner 型板壳弯曲断裂理论和含裂纹板壳的三维断裂分析方面,学者们做了大量的研究工作。对含裂纹 Kirchhoff 平板,已经有了较为成熟的解析分析方法,主要有复变函数、积分变换等方法。复变函数方法对于解决二维孔口和裂纹问题,具有较大的优越性。我国著名学者柳春图,在板壳断裂力学研究中取得了突出成果。柳春图定性定量论证了 Kirchhoff 板弯曲断裂理论应用于板壳断裂分析的重大理论缺陷,获得剪切变形理论板、球壳、圆柱壳包括Ⅰ、Ⅱ、Ⅲ型裂纹尖端局部解,从而给出了解决各种结构断裂分析问题的理论基础。这些研究结论在国际上都是首次得到,并获得实验证明。另外,他还提出一个具有断裂力学特点的计算方法——局部整体法。与已有方法计算结果比较,该方法体现出显著的优越性,如表面裂纹问题,局部整体法的结果与光弹试验结果符合良好,与国际上公认的 Newman 有限元结果精度相当,而计算自由度数仅为其 $1/10^{[29]}$。

8.2　Kirchhoff 板弯曲断裂理论

经典薄板理论或者说 Kirchhoff 板弯曲断裂理论实用有效,在工程中广泛应用,目前还没有其他平板理论能取代它的位置。虽然在含裂纹板的断裂分析中,Kirchhoff 板弯曲断裂理论有较为严重的理论缺陷,Reissner 型板理论更具科学性,然而由于 Kirchhoff 板弯曲断裂理论简单方便,所以仍具有它的实用价值。如果弄清 Kirchhoff 板弯曲断裂理论分析断裂问题时的缺陷所在,了解它与更精确的板壳断裂理论结果之间的差异与联系,了解它的适用范围,就能在科研和工程中自如地应用它。在板壳断裂力学中,裂纹尖端场是最受关注的问题,它是研究板壳裂纹扩展机理、建立断裂准则的理论基础,也是发展数值方法计算其断裂参数的力学基础。

8.2.1　Kirchhoff 板[29—31]

由两个平行平面和垂直于这两个平面的柱面所围成的物体,称为平板,简称为板,如图 8.2.1 所示。两板面之间的距离称为板的厚度,与两板面等距离的平面称为中面。若板厚 h 远小于中面的特征尺寸 b,该板就称为薄板,否则就是中厚板或厚板。对于一般的工程问题,当 $h/b<\dfrac{1}{5}$,就可以按薄板计算。

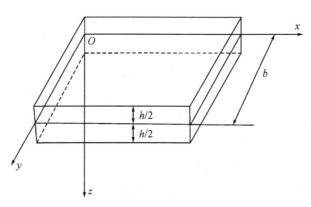

图 8.2.1　平板

作用在薄板上的载荷,可以分解成板中面内的纵向载荷与垂直于中面的横向载荷。前者引出弹性力学的平面问题;后者引起薄板弯曲问题。薄板弯曲时,中面所弯成的曲面,称为薄板的弹性曲面。中面各点在垂直于中面方向的位移 w,称为挠度。薄板小挠度理论中,要求薄板的挠度远小于它的厚度,通常限制 $w/h < 1/5$。

薄板小挠度理论,有三个基本假定:

(1)变形前垂直于中面的直线段,在变形后保持直线,仍垂直于变形后的中面,且其在长度方向的变形对挠度的影响可以略去。

(2)中面内各点无面内位移。

(3)平行于中面的各层互不挤压。

8.2.2　基本方程

对于 Kirchhoff 板,在变形前垂直于中面的直线,在变形后没有伸缩,并且继续垂直于变形后的中面。根据这个假设,可以用一个广义位移,即板的中面挠度 $w(x,y)$ 来表示三个位移分量,进而推出熟知的薄板弹性曲面微分方程

$$D\left(\frac{\partial^4 w}{\partial x^4} + 2\frac{\partial^4 w}{\partial x \partial y} + \frac{\partial^4 w}{\partial y^4}\right) = q \tag{8.2.1}$$

式中:q 为作用于板面的横向载荷;D 为板的抗弯刚度

$$D = \frac{Eh^3}{12(1-\nu)} \tag{8.2.2}$$

式中:E 为材料的杨氏模量;ν 为泊松比。

平板典型的边界条件有三种:固支边、简支边和自由边,分别表示为

固支边:

$$w = \overline{w} \quad \frac{\partial w}{\partial n} = \overline{\psi}_n \tag{8.2.3}$$

简支边:

$$w = \overline{w} \quad M_n = \overline{M}_n \tag{8.2.4}$$

自由边:

$$M_n = \overline{M}_n \quad M_{ns} = \overline{M}_{ns} \quad Q_n = \overline{Q}_n \tag{8.2.5}$$

式中:M_n、M_{ns} 和 Q_n 分别为板的弯矩、扭矩和横向剪力;下标 n 和 s 分别表示板边界的法向和切向;带横线的量表示是已知量;$\overline{w}$ 表示挠度;$\overline{\psi}_n$ 表示转角。

由于基本方程式(8.2.1)为四阶,只需要两个边界条件,故引入等效剪力

$$V_n = \frac{\partial M_{ns}}{\partial s} + Q_n \tag{8.2.6}$$

将自由边的边界条件减为两个

自由边:　　　　　　$$M_n = \overline{M}_n \quad V_n = \overline{V}_n \tag{8.2.7}$$

等效剪力概念的提出克服了 Kirchhoff 板弯曲断裂理论在数学上求解的困难,促进了该理论的工程应用。但由于它显著地改变了自由边邻近的受力状态,当用它来研究裂纹问题时,就暴露了它固有的理论缺陷。

8.2.3　极坐标下的挠曲面微分方程和内力公式

研究裂纹尖端场时,采用极坐标比较方便。以裂纹尖端为原点建立直角坐标系和极坐标系(如图 8.2.2 所示),两坐标系的关系为

$$x = r\cos\theta \qquad y = r\sin\theta \tag{8.2.8}$$

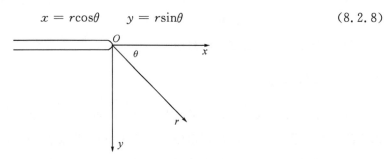

图 8.2.2　裂纹尖端直角坐标与极坐标

将式(8.2.8)对 x 求偏导数,得到

$$\begin{cases} \dfrac{\partial r}{\partial x}\cos\theta - \dfrac{\partial \theta}{\partial x}r\sin\theta = 1 \\[2mm] \dfrac{\partial r}{\partial x}\sin\theta + \dfrac{\partial \theta}{\partial x}r\cos\theta = 0 \end{cases} \tag{8.2.9}$$

由上式,可以得到

$$\frac{\partial r}{\partial x} = \cos\theta, \quad \frac{\partial \theta}{\partial x} = -\frac{\sin\theta}{r} \tag{8.2.10}$$

将式(8.2.8)对 y 求偏导数可以得到

$$\frac{\partial r}{\partial y} = \sin\theta, \quad \frac{\partial \theta}{\partial y} = \frac{\cos\theta}{r} \tag{8.2.11}$$

根据复合函数链式求导法则,有

$$\begin{cases} \dfrac{\partial}{\partial x} = \dfrac{\partial}{\partial r}\dfrac{\partial r}{\partial x} + \dfrac{\partial}{\partial \theta}\dfrac{\partial \theta}{\partial x} = \dfrac{\partial}{\partial r}\cos\theta - \dfrac{\partial}{\partial \theta}\dfrac{\sin\theta}{r} \\[2mm] \dfrac{\partial}{\partial y} = \dfrac{\partial}{\partial r}\dfrac{\partial r}{\partial y} + \dfrac{\partial}{\partial \theta}\dfrac{\partial \theta}{\partial y} = \dfrac{\partial}{\partial r}\sin\theta + \dfrac{\partial}{\partial \theta}\dfrac{\cos\theta}{r} \end{cases} \tag{8.2.12}$$

对(8.2.12)式再重复运用一遍链式求导,可以得到二阶偏导数

$$\frac{\partial^2}{\partial x^2} = \left(\frac{\partial}{\partial r}\cos\theta - \frac{\partial}{\partial \theta}\frac{\sin\theta}{r} \right)\left(\frac{\partial}{\partial r}\cos\theta - \frac{\partial}{\partial \theta}\frac{\sin\theta}{r} \right)$$

$$= \frac{\partial^2}{\partial r^2}\cos^2\theta - \frac{\partial^2}{\partial r\partial \theta}\frac{2\sin\theta\cos\theta}{r} + \frac{\partial}{\partial r}\frac{\sin^2\theta}{r} + \frac{\partial}{\partial \theta}\frac{2\sin\theta\cos\theta}{r^2} + \frac{\partial^2}{\partial \theta^2}\frac{\sin^2\theta}{r^2} \tag{8.2.13}$$

$$\frac{\partial^2}{\partial y^2} = \frac{\partial^2}{\partial r^2}\sin^2\theta + \frac{\partial^2}{\partial r\partial \theta}\frac{2\sin\theta\cos\theta}{r} + \frac{\partial}{\partial r}\frac{\cos^2\theta}{r} - \frac{\partial}{\partial \theta}\frac{2\sin\theta\cos\theta}{r^2} + \frac{\partial^2}{\partial \theta^2}\frac{\cos^2\theta}{r^2} \tag{8.2.14}$$

$$\frac{\partial^2}{\partial x\partial y} = \frac{\partial^2}{\partial r^2}\sin\theta\cos\theta + \frac{\partial^2}{\partial r\partial \theta}\frac{\cos^2\theta - \sin^2\theta}{r} - \frac{\partial}{\partial r}\frac{\sin\theta\cos\theta}{r} - \frac{\partial}{\partial \theta}\frac{\cos^2\theta - \sin^2\theta}{r^2} - \frac{\partial^2}{\partial \theta^2}\frac{\sin\theta\cos\theta}{r^2}$$

$$\tag{8.2.15}$$

于是在极坐标下的拉普拉斯算子和双调和算子分别为

$$\nabla^2 = \frac{\partial^2}{\partial x^2} + \frac{\partial^2}{\partial y^2} = \frac{\partial^2}{\partial r^2} + \frac{1}{r}\frac{\partial}{\partial r} + \frac{1}{r^2}\frac{\partial^2}{\partial \theta^2} \tag{8.2.16}$$

$$\nabla^2\nabla^2 = \left(\frac{\partial^2}{\partial r^2} + \frac{1}{r}\frac{\partial}{\partial r} + \frac{\partial^2}{\partial \theta^2}\right)\left(\frac{\partial^2}{\partial r^2} + \frac{1}{r}\frac{\partial}{\partial r} + \frac{\partial^2}{\partial \theta^2}\right) \tag{8.2.17}$$

利用上面导出的坐标变换公式,在极坐标下薄板的挠曲面微分方程可利用双调和算子写为[18,19]

$$\nabla^2\nabla^2 w(r,\theta) = \frac{q}{D} \tag{8.2.18}$$

图 8.2.3 为板中截出的一微小板元的中面示意图。该板元的侧面是夹角为 $\mathrm{d}\theta$ 的两相邻径向平面,以及半径分别为 r 和 $r+\mathrm{d}r$ 的两圆柱面。板元边界弯矩为 M_r、M_θ,扭矩为 $M_{r\theta}$,剪力为 Q_r 和 Q_θ。横截面上内力的极坐标形式为

$$M_r = -D\left[\frac{\partial^2 w}{\partial r^2} + \nu\left(\frac{1}{r}\frac{\partial w}{\partial r} + \frac{1}{r^2}\frac{\partial^2 w}{\partial \theta^2}\right)\right]$$

$$M_\theta = -D\left[\left(\frac{1}{r}\frac{\partial w}{\partial r} + \frac{1}{r^2}\frac{\partial^2 w}{\partial \theta^2}\right) + \nu\frac{\partial^2 w}{\partial r^2}\right] \tag{8.2.19}$$

$$M_{r\theta} = -D(1-\nu)\left(\frac{1}{r}\frac{\partial^2 w}{\partial r\partial \theta} - \frac{1}{r^2}\frac{\partial w}{\partial \theta}\right)$$

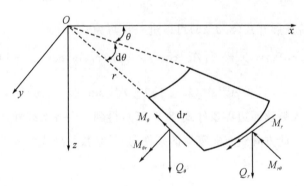

图 8.2.3　极坐标下板的内力

剪力为

$$Q_r = -D\frac{\partial}{\partial r}\nabla^2 w, \quad Q_\theta = -D\frac{1}{r}\frac{\partial}{\partial \theta}\nabla^2 w \tag{8.2.20}$$

等效剪力的极坐标形式为

$$\begin{cases} V_r = -D\left(\dfrac{\partial}{\partial r}\nabla^2 w + \dfrac{1}{r}\dfrac{\partial M_{r\theta}}{\partial \theta}\right) \\[3mm] V_\theta = -D\left(\dfrac{1}{r}\dfrac{\partial}{\partial \theta}\nabla^2 w + \dfrac{\partial M_{r\theta}}{\partial r}\right) \end{cases} \tag{8.2.21}$$

应力的极坐标形式为

$$\sigma_r = \frac{12z}{h^3}M_r, \quad \sigma_\theta = \frac{12z}{h^3}M_{\theta r}, \quad \tau_{r\theta} = \frac{12z}{h^3}M_{r\theta} \tag{8.2.22}$$

$$\tau_{rz} = \frac{3(h^2 - 4z^2)}{2h^3}Q_r, \quad \tau_{\theta z} = \frac{3(h^2 - 4z^2)}{2h^3}Q_\theta \tag{8.2.23}$$

8.2.4　裂纹尖端场特征展开式

在以裂纹尖端为中心的极坐标下,方程(8.2.18)所对应的齐次方程为

$$\nabla^2 \nabla^2 w(r,\theta) = 0 \tag{8.2.24}$$

裂纹面是不受力的自由边界。在极坐标下,边界条件式(8.2.7)化为

$$\begin{cases} M_\theta = -D\left(\dfrac{1}{r}\dfrac{\partial w}{\partial r} + \dfrac{1}{r^2}\dfrac{\partial^2 w}{\partial \theta^2} + \nu\dfrac{\partial^2 w}{\partial r^2}\right) = 0 \\[3mm] V_\theta = -D\left[\dfrac{1}{r}\dfrac{\partial}{\partial \theta}\nabla^2 w + (1-\nu)\dfrac{\partial}{\partial r}\left(\dfrac{1}{r}\dfrac{\partial^2 w}{\partial r\partial \theta} - \dfrac{1}{r^2}\dfrac{\partial w}{\partial \theta}\right)\right] = 0 \end{cases}, \theta = \pm\pi \tag{8.2.25}$$

将挠度 w 表示为特征展开级数

$$w(r,\theta) = \sum_\lambda r^{\lambda+1}F_\lambda(\theta) \tag{8.2.26}$$

并代入方程(8.2.24),得到

$$\frac{\mathrm{d}^4 F_\lambda(\theta)}{\mathrm{d}\theta^4} + \left[(\lambda+1)^2 + (\lambda-1)^2\right]\frac{\mathrm{d}^2 F_\lambda(\theta)}{\mathrm{d}\theta^2} + (\lambda+1)^2(\lambda-1)^2 F_\lambda(\theta) = 0 \tag{8.2.27}$$

求出上式的通解后,特征展开式(8.2.26)可以进一步写为

$$\begin{aligned} w(r,\theta) = \sum_{\lambda_n} r^{\lambda_n+1}\big[&A_n^{(1)}\cos(\lambda_n+1)\theta + A_n^{(2)}\cos(\lambda_n-1)\theta \\ &+ A_n^{(3)}\sin(\lambda_n+1)\theta + A_n^{(4)}\sin(\lambda_n-1)\theta\big] \end{aligned} \tag{8.2.28}$$

将式(8.2.28)代入裂纹面边界条件式(8.2.25),得到一个齐次线性代数方程组,其未知量就是特征展开式系数。此方程组有非零解的条件,是其系数行列式为零。由此得出

$$\sin 2\pi\lambda_n = 0 \tag{8.2.29}$$

所以

$$\lambda_n = n/2 \quad n = 1,2,3,\cdots \tag{8.2.30}$$

根据裂纹面的边界条件,可以求得式(8.2.28)中各待定系数间的一些关系,独立的待定系数个数减少。经过运算整理,最后获得挠度 w 在裂纹尖端特征展开式的通项公式

$$w = \sum_{\lambda_n} w(\lambda_n) \tag{8.2.31}$$

(1)当 λ_n 为半整数时,即 $\lambda_n = \dfrac{1}{2},\dfrac{3}{2},\dfrac{5}{2},\cdots$ 时

$$\begin{aligned} w(\lambda_n) = r^{\lambda_n+1}\Big\{&\Big[\cos(\lambda_n+1)\theta - \frac{(\lambda_n+1)(1-\nu)}{3+\lambda_n+(1-\lambda_n)\nu}\cos(\lambda_n-1)\theta\Big]a_n \\ &+ \Big[\sin(\lambda_n+1)\theta + \frac{(\lambda_n+1)(1-\nu)}{3-\lambda_n+(1+\lambda_n)\nu}\sin(\lambda_n-1)\theta\Big]b_n\Big\} \end{aligned} \tag{8.2.32}$$

其中待定系数 a_n 和 b_n 分别相应于关于 x 轴的对称与反对称变形。

（2）当 λ_n 为整数时，即 $\lambda_n = 1, 2, 3, \cdots$ 时

$$w(\lambda_n) = r^{\lambda_n+1}\left\{\left[\cos(\lambda_n+1)\theta + \frac{(\lambda_n+1)(1-\nu)}{3-\lambda_n+(1-\lambda_n)\nu}\cos(\lambda_n-1)\theta\right]a_n\right.$$

$$\left. + \left[\sin(\lambda_n+1)\theta - \frac{(\lambda_n+1)(1-\nu)}{3+\lambda_n+(1-\lambda_n)\nu}\sin(\lambda_n-1)\theta\right]b_n\right\} \tag{8.2.33}$$

1961 年，Williams 首次将 Kirchhoff 平板裂纹尖端位移场进行特征展开，给出了位移、应变和应力场的前两阶展开式。这里，利用挠度 w 在裂纹尖端特征展开式的通项公式（8.2.32）和式（8.2.33），可以具体写出前五项的展开式

$$w = r^{\frac{3}{2}}\left\{\left[-\cos\frac{3}{2}\theta + \frac{3(1-\nu)}{7+\nu}\cos\frac{\theta}{2}\right]a_1 + \left[\sin\frac{3}{2}\theta - \frac{3(1-\nu)}{5+3\nu}\sin\frac{\theta}{2}\right]b_1\right\}$$

$$+ r^2\left\{\left[\cos2\theta + \frac{1-\nu}{1+\nu}\right]a_2 + \left[\sin2\theta\right]b_2\right\} + r^{\frac{5}{2}}\left\{\left[\cos\frac{5}{2}\theta - \frac{5(1-\nu)}{9-\nu}\cos\frac{\theta}{2}\right]a_3\right.$$

$$+ \left[\sin\frac{5}{2}\theta + \frac{5(1-\nu)}{3+5\nu}\sin\frac{\theta}{2}\right]b_3\right\} + r^3\left\{\left[\cos3\theta + \frac{3(1-\nu)}{1+3\nu}\cos\theta\right]a_4$$

$$+ \left[\sin3\theta - \frac{3(1-\nu)}{5-\nu}\sin\theta\right]b_4\right\} + r^{\frac{7}{2}}\left\{\left[\cos\frac{7}{2}\theta - \frac{7(1-\nu)}{11-3\nu}\cos\frac{3}{2}\theta\right]a_5\right.$$

$$+ \left[\sin\frac{7}{2}\theta + \frac{7(1-\nu)}{1+7\nu}\sin\frac{3}{2}\theta\right]b_5\right\} + \cdots \tag{8.2.34}$$

将挠度 w 的特征展开式（8.2.32）或式（8.2.34），代入板的应力、应变和内力公式，就得到经典板弯曲断裂时，裂纹尖端的应力应变场及内力场展开式。

8.2.5　Kirchhoff 板弯曲应力强度因子

将挠度 w 的前五项展开式代入板的内力公式（8.2.19），然后代入式（8.2.22），可得到极坐标下板内三个主要应力的展开式，其前两项为

$$\frac{2\sigma_r}{3\mu} = \frac{z}{\sqrt{r}}\left[\left(\cos\frac{3}{2}\theta - \frac{3+5\nu}{7+\nu}\cos\frac{\theta}{2}\right)a_1 + \left(-\sin\frac{3}{2}\theta + \frac{3+5\nu}{5+3\nu}\sin\frac{\theta}{2}\right)b_1\right]$$

$$- \frac{8}{3}z\left[(1+\cos2\theta)a_2 + (\sin2\theta)b_2\right] + \cdots \tag{8.2.35}$$

$$\frac{2\sigma_\theta}{3\mu} = \frac{z}{\sqrt{r}}\left[-\left(\cos\frac{3}{2}\theta - \frac{5+3\nu}{7+\nu}\cos\frac{\theta}{2}\right)a_1 + \left(\sin\frac{3}{2}\theta + \sin\frac{\theta}{2}\right)b_1\right]$$

$$- \frac{8}{3}z\left[(1-\cos2\theta)a_2 - (\sin2\theta)b_2\right] + \cdots \tag{8.2.36}$$

$$\frac{2\tau_{r\theta}}{3\mu} = \frac{z}{\sqrt{r}}\left[\left(-\sin\frac{3}{2}\theta + \frac{1-\nu}{7+\nu}\sin\frac{\theta}{2}\right)a_1 + \left(-\cos\frac{3}{2}\theta + \frac{1-\nu}{5+3\nu}\cos\frac{\theta}{2}\right)b_1\right]$$

$$- \frac{8}{3}z\left[(\sin2\theta)a_2 - (\cos2\theta)b_2\right] + \cdots \tag{8.2.37}$$

式中：μ 为剪切弹性模量。

从以上三式可以看到,经典板弯曲的三个主要应力在板面数值最大,且在弯曲裂纹尖端与平面裂纹类似,奇异性为 $r^{-1/2}$ 阶。Sih 和 Paris 比照平面裂纹问题,定义了所谓经典板弯曲应力强度因子 K_{I}(拉伸型)(Ⅰ型拉伸型应力强度因子用 K_{I} 表示)和 K_{II}(面内剪切型)(Ⅱ型裂纹应力强度因子用 K_{II} 表示)。K_{I} 和 K_{II} 与经典板裂纹尖端场展开式首项的系数之间的关系为

$$K_{\mathrm{I}} = -\frac{3\sqrt{2\pi}(3+\nu)\mu h}{7+\nu}a_1 \tag{8.2.38}$$

$$K_{\mathrm{II}} = -\frac{3\sqrt{2\pi}(3+\nu)\mu h}{5+3\nu}b_2 \tag{8.2.39}$$

如果将 w 的展开式代入板中较小的应力分量 τ_{rz} 与 $\tau_{\theta z}$ 的表达式,可以发现

$$\tau_{rz} \propto r^{-3/2}, \quad \tau_{\theta z} \propto r^{-3/2} \tag{8.2.40}$$

这个奇异性与较精确的板弯曲理论和三维分析所得结论不符,因而这个结果在理论上存在缺陷。

8.2.6　关于 Kirchhoff 板弯曲断裂理论的缺陷

由前面分析知道,对自由边所采用的 Kirchhoff 边界条件,显示了 Kirchhoff 板弯曲断裂理论的缺陷,这种缺陷主要可归纳为以下两点:

(1)虽然主要应力 σ_r、σ_θ 和 $\tau_{r\theta}$ 关于 r 的奇异性阶次为 $r^{-1/2}$ 阶,与平面问题相应量的阶次相同,但是角分布函数(关于 θ)不同,难以研究拉伸与弯曲的耦合问题。

(2)横向剪应力 τ_{rz} 和 $\tau_{\theta z}$ 关于 r 的奇异性阶次为 $r^{-3/2}$ 阶,与更精确的三维分析结果不符,也违背了裂纹尖端附近应变能应当有限的原则。这种情况使得我们无法研究经典板的Ⅲ型(面外剪切)应力强度因子。

由于以上两点严重的理论缺陷,需要了解 Kirchihoff 板壳弯曲断裂理论是否仍然有效的问题。在研究过较为精确的 Reissner 型板壳弯曲断裂理论,并将这两个板壳断裂理论进行比较之后,可以看到,Kirchhoff 板壳断裂理论仍然有一定的实用价值。

8.3　Reissner 型板壳弯曲断裂理论

Reissner 型板壳理论在某种平均意义上计及了板壳的横向剪切变形,能够满足作为自由边界的裂纹面边界条件。对于含裂纹板壳,Reissner 型板壳理论克服了 Kirchhoff 板壳理论带来的固有理论缺陷,能够较真实地描述裂纹尖端应力场的力学性质。用 Reissner 型板壳理论研究板壳断裂问题,可以说是板壳断裂研究中的一个重要进展。

下面通过平板断裂问题来阐述这个理论。

8.3.1　基本方程

Reissner 型平板理论放松了 Kirchhoff 板关于变形前垂直于中面的直线在变形后仍垂直

于中面的假设,可以用三个广义位移分量来表示三个位移分量,将三维问题化为二维问题

$$u(x,y,z) = -z\varphi_x(x,y) \tag{8.3.1}$$

$$v(x,y,z) = -z\varphi_y(x,y) \tag{8.3.2}$$

$$w(x,y,z) = w(x,y) \tag{8.3.3}$$

式中:φ_x 和 φ_y 是变形前垂直于中面的直线在变形后的转角;w 是中面挠度。由此,可以导出以三个广义位移表示的平衡微分方程

$$D\left(\frac{\partial^2\varphi_x}{\partial x^2} + \frac{1-\nu}{2}\frac{\partial^2\varphi_x}{\partial y^2} + \frac{1+\nu}{2}\frac{\partial^2\varphi_y}{\partial x\partial y}\right) + C\left(\frac{\partial w}{\partial x} - \varphi_x\right) = 0 \tag{8.3.4}$$

$$D\left(\frac{1+\nu}{2}\frac{\partial^2\varphi_x}{\partial x\partial y} + \frac{1-\nu}{2}\frac{\partial^2\varphi_y}{\partial x^2} + \frac{\partial^2\varphi_y}{\partial y^2}\right) + C\left(\frac{\partial w}{\partial y} - \varphi_y\right) = 0 \tag{8.3.5}$$

$$C\left(\frac{\partial^2 w}{\partial x^2} + \frac{\partial^2 w}{\partial y^2} - \frac{\partial\varphi_x}{\partial x} - \frac{\partial\varphi_y}{\partial y}\right) + q = 0 \tag{8.3.6}$$

其中:C 为横向抗剪刚度。若 $C\to\infty$,则 $\varphi_x\to\partial w/\partial x$,$\varphi_y\to\partial w/\partial y$,三个广义位移退化为一个广义位移,方程组(8.3.4)~(8.3.6)退化为经典板的平衡微分方程(8.2.1)。

方程组(8.3.4)~(8.3.6)相当于一个六阶微分方程,每条边界要求三个边界条件,可以完全满足自由边的边界条件,使裂纹尖端应力场得到比较精确的描述。

8.3.2　裂纹尖端场与应力强度因子

利用 Reissner 型板理论来研究平板弯曲断裂问题是较为复杂的。早期的研究通常采用积分变换方法,将断裂力学问题化为对偶积分方程。这些早期的研究是针对含裂纹无限板的,也仅仅给出了裂纹尖端应力场级数展开式的首项,对整个应力场的情况仍不清楚。由于问题的复杂性,研究一度没有进展。1981 年,Murthy 等人发表了对称 I 型情况下 Reissner 型板裂纹尖端位移场展开式的通项公式。1980 年,柳春图给出了其 I 型、II 型和 III 型渐近展开式的一般求解方法,并给出前几项的具体表达式,后来又获得了其任意阶展开式的通项公式,并把它推广于 Reissner 型圆柱壳和球壳的裂纹尖端场研究,完成了对 Reissner 型板壳裂纹尖端场的系统性研究,为板壳的断裂分析奠定了坚实的基础。

根据 Reissner 型平板理论,裂纹尖端广义位移展开式为

$$\varphi_r = r^{\frac{1}{2}}\left[A_1^{(\frac{1}{2})}\left(\cos\frac{3}{2}\theta + \frac{3\nu-5}{1+\nu}\cos\frac{\theta}{2}\right) + A_2^{(\frac{1}{2})}\left(\sin\frac{3}{2}\theta + \frac{3\nu-5}{3(1+\nu)}\sin\frac{\theta}{2}\right)\right] + \cdots \tag{8.3.7}$$

$$\varphi_\theta = r^{\frac{1}{2}}\left[A_1^{(\frac{1}{2})}\left(-\sin\frac{3}{2}\theta + \frac{7-\nu}{1+\nu}\sin\frac{\theta}{2}\right) + A_2^{(\frac{1}{2})}\left(\cos\frac{3}{2}\theta - \frac{7-\nu}{3(1+\nu)}\cos\frac{\theta}{2}\right)\right] + \cdots \tag{8.3.8}$$

$$w = r^{\frac{1}{2}}D_1^{(\frac{1}{2})}\sin\frac{\theta}{2} + \cdots \tag{8.3.9}$$

其中:$A_1^{(\frac{1}{2})}$、$A_2^{(\frac{1}{2})}$ 和 $D_1^{(\frac{1}{2})}$ 是待定常数。

利用以上三个展开式,可以通过物理方程,求得裂纹尖端各应力分量的展开式,并且定义 I、II 和 III 型应力强度因子

$$K_I(r) = \lim_{r \to 0} \sqrt{2\pi r}\, \sigma_\theta(r,0) \tag{8.3.10}$$

$$K_{II}(r) = \lim_{r \to 0} \sqrt{2\pi r}\, \tau_{r\theta}(r,0) \tag{8.3.11}$$

$$K_{III}(r) = \lim_{r \to 0} \sqrt{2\pi r}\, \tau_{\theta z}(r,0) \tag{8.3.12}$$

将裂纹尖端对应应力分量展开式分别代入式(8.3.10)~(8.3.12),可以求得应力强度因子与位移或应力展开式系数之间的关系

$$K_I(z) = 4\sqrt{2\pi}\, \mu z A_1\!\left(\tfrac{1}{2}\right) \tag{8.3.13}$$

$$K_{II}(z) = -\frac{4}{3}\sqrt{2\pi}\, \mu z A_2\!\left(\tfrac{1}{2}\right) \tag{8.3.14}$$

$$K_{III}(z) = \frac{5}{8}\sqrt{2\pi}\, \mu\left(1 - \frac{4z^2}{h^2}\right) D_2\!\left(\tfrac{1}{2}\right) \tag{8.3.15}$$

可以看出,应力强度因子沿板的厚度坐标 z 变化,Ⅰ型和Ⅱ型应力强度因子的最大值发生在板表面,即 $z = h/2$ 处,Ⅲ型应力强度因子的最大值发生在板中面,即 $z = 0$ 处。

除了 Reissner 型平板理论外,还有其他一些较精确的平板弯曲断裂理论,例如 Goldenweizer 理论及 H - S 理论,这些理论不再假设应力沿板的厚度线性分布,而是采用了更精确、更复杂的表达式。但是,这些改进后的理论精度提高的程度及其适用范围,目前还不是很清楚。

8.4 Kirchhoff 与 Reissner 型板壳弯曲断裂理论的比较

对于较薄的板,只要不是自由边的领域,由 Kirchhoff 与 Reissner 型两种理论所得的结果没有多大差别,但是作为两自由边特殊角点的裂纹尖端附近区域是一个例外。

在板的六个应力分量中,一般说来,σ_x、σ_y 和 τ_{xy} 较大,τ_{xz} 和 τ_{yz} 约小一个数量级,σ_z 又再小一个数量级。在裂纹尖端,由 Kirchhoff 板弯曲断裂理论求得的 τ_{xz} 和 τ_{yz} 的奇异性为 $r^{-3/2}$ 阶,不合理。但三个较大的应力 σ_x,σ_y 和 τ_{xy} 仍具有合理的 $r^{-1/2}$ 阶奇异性。不过即使板厚 h 与裂纹半长 a 的比值趋于零,它们也不趋于 Reissner 型板理论的结果。

对于远处承受均匀弯矩的板,图 8.4.1 给出了由 Reissner 型板与 Kirchhoff 板弯曲断裂理论求得的Ⅰ型应力强度因子的比值 $\Phi(1)$ 随板厚的变化。这个典型例子中,当板厚趋于零时,$\Phi(1) \to (1+\nu)/(3+\nu)$。据此,有些工程界人士推荐采用 $(1+\nu)/(3+\nu)$ 乘以经典板的结果作为 Reissner 型板的结果。但由于在 $h = 0$ 处,曲线的斜率无限大,当板厚从零增加到一个很小的有限值时,$\Phi(1)$ 的数值急剧增大,因而这种简单作法是不能令人放心的。

Kirchhoff 板弯曲断裂理论在工程中应用广泛,分析也更方便,如果了解了对典型问题由两种理论所求得的应力强度因子之间的关系,在工程分析中就能自如地采用 Kirchhoff 板弯曲断裂理论的结果。当然,对于较精确的分析,最好还是用 Reissner 型板弯曲断裂理论。

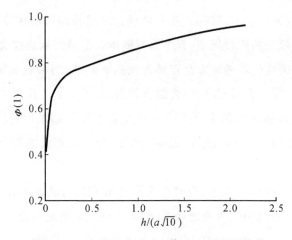

图 8.4.1　应力强度因子比值 $\Phi(1)$ 随板厚变化

8.5　有限尺寸板壳断裂分析的局部-整体法

工程中使用的都是有限尺寸板,对含裂纹有限尺寸板的断裂参量计算,一般难以获得严格的解析解。由于裂纹尖端应力的奇异性,采用纯数值法会遇到较大困难。在板壳裂纹尖端场严格理论分析基础上所发展出的局部-整体法[29,32],是含裂纹板壳分析方法研究的重要进展,较好地解决了有限尺寸板壳的断裂分析问题。

8.5.1　有限尺寸板壳断裂参量计算的发展回顾

无裂纹有限尺寸板壳的分析方法已经较为成熟,然而对于含裂纹情况,即使采用有限元这样强有力的数值方法,也有较大困难。这主要由于常规有限单元难以反映在裂纹尖端附近应力从有限到无限的变化。为了模拟这种变化,在裂纹尖端附近,需要稠密的网格,计算工作量很大。并且,应力强度因子只能根据裂纹尖端场展开式间接推求,进一步损失了精度。

1971 年,Wilson 采用 Kirchhoff 板元分析平板弯曲断裂问题。他依照有限元解平面问题的技巧,在求得各节点挠度之后,根据经典板的 Williams 展开式推求应力强度因子。计算中,裂纹尖端单元的最大尺寸与裂纹长度之比为 0.005,工作量很大。

1976 年,Barsoum 用厚板退化元配合畸变等参元解算板壳断裂问题,他在 Zienkiewicz 提出的厚板退化元基础上,将等参元边上的中间节点移到 1/4 边长的位置上。这种畸变等参元使裂纹尖端附近获得 $r^{-1/2}$ 阶奇异性,相当于取了应力展开式的首项。不过,单元内部角分布规律不完全符合真实情况,影响了精度。此外,该方法需要根据位移场用最小二乘法推求应力强度因子,增加了计算工作量,并且计算结果与计算选择点有关。

1979 年,Yagawa 采用叠加法,将位移矢量表达为解析位移与有限元位移之和。解析位移的面内分量采用平面问题裂纹尖端展开式首项,面外位移采用经典板的 Williams 展开式首项。对于 I 型问题,这个解析位移刚好是 Reissner 型板裂纹尖端展开式首项,因而合理;但对于Ⅱ型和复合型裂纹问题,这个位移模式就不合理。采用叠加法的优点在于全板都取一种单元,不存在奇异元和常规元的连接问题,程序编写简单。但是仅取裂纹尖端位移场展开式首项作为位移模式,在远离裂纹尖端的地方会有显著误差。此外,当裂纹尖端靠近自由边界时,自由边界将出现较大的计算应力,需要反向叠加将其消去,加大了工作量。

Murthy 等利用所求得的对称Ⅰ型 Reissner 型板裂纹尖端场展开式,采用边界配点法计算断裂参量。虽然方法简单,但在复杂的边界条件下,边界配点法的数值稳定性和收敛性问题都尚未解决。

还有一些类似研究,但总的说来,当时对含裂纹板壳的分析水平距工程分析的需要还很远。这促使柳春图[29,32]对含裂纹板壳的局部-整体法进行了系统研究。

8.5.2 有限尺寸板壳断裂分析的局部-整体法简介

断裂力学的局部-整体分析法,就是将裂纹尖端区域严格的"局部解"与结构整体分析中的各种常规的解析或数值方法相结合,对含裂纹构件进行断裂分析。主要是利用裂纹尖端位移应力场高阶展开式构造奇异元,然后与周围的常规元连接,对含裂纹板壳进行断裂分析。这个方法综合了解析和数值法的优点,其技术关键是裂纹尖端"局部解"的获得。

著名的平面问题的 Williams 展开式是断裂力学中的第一个局部解,许多学者利用它构造裂纹尖端奇异元,分析平面断裂问题,取得了成功。

Reissner 型板壳裂纹尖端场比平面问题复杂得多。柳春图和他的学生们对此进行了系统的研究,解决了这一难题,为建立各类有限尺寸含裂纹板壳的局部-整体法奠定了坚实的基础。包括采用局部-整体法分析含裂纹 Reissner 型板、球壳和圆柱壳,含孔边裂纹的球壳和圆柱壳;提出了 Reissner 型板的一种简单而精度较高的近似方法;推导了 Reissner 型板裂纹尖端奇异元显式刚度矩阵。蒋持平等还在 Williams 的工作的基础上,进一步推导了经典板裂纹尖端展开式的通项公式,并用它构造裂纹尖端高阶奇异元,给出了直到任意阶的显式刚度矩阵。数值计算说明了这个单元的高精度和数值稳定性。这些系统性的工作,有效地解决了有限尺寸板壳的断裂分析问题,相关理论细节可以参考文献[29]和[32]。

第九章　岩石断裂力学

9.1　引言

断裂力学的研究对象是含有裂纹型缺陷的固体材料,对其应力、材料强度以及裂纹的扩展规律进行分析。断裂力学在工程技术及许多科学领域中获得了广泛的运用,是固体力学中一个极为活跃的部分。自 20 世纪 60 年代以来,断裂力学被引入地学中,较好地解释了地震震源的低应力降和差应力引起岩石膨胀-扩容的现象。利用断裂力学的方法与成果,研究地震及断层的产生与运动,已经成为地震学界的重要研究方法。

岩石断裂力学是固体力学、统计力学、岩石力学和非金属断裂力学的结合。岩石断裂力学所研究的对象实际是极为复杂的。为了研究方便,在线弹性断裂力学部分,假定材料是连续、均匀、各向同性的。这些理论上的假定和岩石的实际情况有较大差距。当所研究的是宏观断层时,其尺度远大于岩体不均匀的颗粒与节理尺度,将岩体近似作为连续、均匀的介质还是可以的。但是,在深入到岩石断裂力学的部分时,对材料的连续、均匀的假设就不成立了。在弹塑性断裂力学部分,就改进为非均匀、非线性、非弹性的模型。

破裂判据是断裂力学研究的核心问题。现有许多类型的判据,但没有一个判据能覆盖所有介质和所有尺度层次。任何一个判据都只是在一定范围、一定尺度、一定层次上成立。岩石断裂力学是门新学科,还有更多值得开拓的未知领域。

关于应力符号问题,在本章中,当论述断裂力学问题时,往往依据力学的习惯,以拉伸为正,压缩为负。但是涉及到岩石实验和理论分析时,则依据地学的习惯,以压力为正,拉力为负。

岩石断裂力学也是力学与地学、岩土工程的交叉学科,除建筑、大坝、核电站地基、隧道等岩土工程外,还涉及到断层破裂问题。由此发展出了地震震源力学、矿山地震成因等,甚至涉及到天体的破裂问题,例如小行星的瓦解等。岩石断裂力学是一门以实验为基础的学科。实验的内容和尺度覆盖了从微米级的微观尺度到公里级的中尺度。涉及到环境因素的岩体破坏问题,特别是存在流体和重力作用问题时,仅仅采用小样品实验是不够的。

岩石断裂力学最初是套用断裂力学的理论和方法研究岩石的强度和破坏过程。但随着研究的深入,经典的断裂力学已经无法解释实际岩体的许多破坏现象。因为实际岩石的破坏过程不能用一个或有限几个裂纹的扩展来描述。近代的岩石断裂力学已经和损伤理论结合,并引入了非线性的理论。

早期岩石断裂力学的研究内容以岩体破坏的临界条件为主,并没有和时间因素关联。随着需求的拓宽和研究的深入,与时间因素相关的课题不断涌现。这些问题的解答不仅需要考虑静态应力问题,而且需要考虑应力作用的时间因素,例如加载速率、亚临界扩展速度和疲劳断裂等问题,最终产生了断裂动力学,以及地震破裂动力学。

9.2　岩石的力学特征

　　岩石断裂力学的宗旨是引入断裂力学的原理来解释岩石强度实验中遇到的部分现象。从岩石的强度实验中发现,许多现象都和岩石内部不同尺度的裂纹发育过程有密切关系。材料强度的试验和研究最早是从金属开始的。在金属材料的强度研究中的观念和术语对于岩石来说并不完全适用。岩石力学中,破裂一般指裂纹端部内聚力完全损失的脆性破裂;塑性通常指包括屈服的过程,主要用于晶体之间和晶体内部分子之间产生不可恢复的滑移的现象;而延性则主要和微观、细观的大量破裂的群体行为有关;塑性的本构关系往往被用于描述岩石的延性行为,这只是在数学表达上的一致,二者的物理意义并不相同。

　　岩石力学中大多数实验是用三轴实验进行的。在三轴实验中,通常称主应力 $\sigma_1 > \sigma_2 > \sigma_3$ 的条件为真三轴,称 $\sigma_1 > \sigma_2 = \sigma_3$ 的条件为"伪三轴"。"伪三轴"实验实际是将实验样品置于以固体、硅油或氦气为传压介质的压力容器中,同时加上轴压。在破坏准则的讨论中,经常采用二维模型,用最大和最小主应力 σ_1 和 σ_3 表示,中间主应力 σ_2 往往不出现。但是必须指出,中间主应力 σ_2 的作用实际上是不可忽视的。岩石破坏情况不仅与应力场有关系,而且和应力场的变化方式有关系。其中中间主应力的作用也是十分重要的。

　　研究岩石结构的非均匀性和不连续性最直观的方法就是显微观察。取岩样的典型部分,并选择方向切割,制成光片或薄片,利用显微镜观察内部微裂纹发育的密度、走向,是常用的方法。显微观察采用的显微镜分为光学显微镜、透射电子显微镜和扫描电子显微镜。

　　通过岩石切片的显微观察,可以看到岩石中多种矿物颗粒和颗粒之间的胶结物与孔隙。这些晶体是按照不同方向杂乱排列的,中间还有结晶状或沉积状填充物。晶体内部存在大量的缺陷和位错,结晶面之间的结合部位有许多孔隙。微裂纹既在晶面之间存在,也在晶体内部穿过。这些结晶、微裂纹、缺陷的排布在方向上是各向异性的,在原始状态下,中间还有空隙流体的存在。可以看出,岩石的宏观物理性质就和这许多复杂的因素有关。晶面和裂纹面是相对薄弱部分,造成了该尺度上的不连续性和各向异性。由于这些晶体分布的随机性,在分米或米级尺度上,岩石大致可以看作均匀、连续的,但又被裂缝、节理、层面和断层所分割。

　　岩石的不连续性在任何一个尺度上都是存在的。但是,当这种不连续性结构相对所考察的岩体尺度来说很小时,就可以将该岩体视为大致连续、均匀的。岩石断裂力学研究的过程中,将断层或裂纹等不连续结构的周围介质当作大致均匀、连续来处理。

9.3　岩石应力-应变曲线[31-35]

　　研究岩石力学性质的最普通方法是采用长度为其直径 2～3 倍的圆柱进行轴向压缩,圆柱尺寸和形状已有统一规定,称为标准样品。在岩石断裂力学实验中,常采用板状、块状样品,这种样品的尺寸和形状由研究内容而定,目前还没有统一规定。需测量的物理参数有应力 σ、局部应变 ε、名义应变 ε^* 和边界位移。

完全理想的线弹性体的应力-应变曲线,用图 9.3.1(a)的直线表示。常温下的玻璃的行为基本符合这种情况,它在 F 点突然破坏,应力-应变关系为

$$\sigma = E\varepsilon \tag{9.3.1}$$

绝大多数岩石的行为都不完全是这种线弹性的,实际上只有在应力-应变曲线的某一段近似符合这种关系。如果某种岩石的应力-应变关系不是直线,而是曲线,且应力和应变之间存在一一对应的关系(见图 9.3.1(b))

$$\sigma = f(\varepsilon) \tag{9.3.2}$$

则称这种岩石为完全弹性的。

"加载"定义为实验中向试件施加逐渐增加的应力,"卸载"指实验中减小该应力的过程。完全弹性意味着,如果材料加载,接着卸载,则经历由方程(9.3.2)给出的相同过程,并且在加载时储存在试样中的全部能量在卸载时释放。弹性模量的定义有三种。一种是切线模量,它定义为相应于某一 P 点的 σ 值,曲线的切线 PQ 的斜率

$$E_{切} = \mathrm{d}\sigma/\mathrm{d}\varepsilon \tag{9.3.3}$$

第二种是割线模量,定义为割线 OP 的斜率

$$E_{割} = \sigma/\varepsilon \tag{9.3.4}$$

如果在加载后接着卸载到零应力,应变回到零,但可能经过不同的路线,称之为滞变,这种弹性称为滞弹性。在该过程中,加载时对物体所做的功比卸载时所做的功大,因此在加载和卸载的循环中,在物体内要消耗能量,其消耗能量的数值就是加、卸载曲线所包围的面积。由此导出第三种模量——卸载模量,它定义为曲线在任意点 P 的切线 PQ' 的斜率。

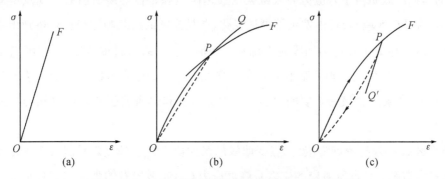

图 9.3.1　几种不同类型弹性介质的应力-应变曲线

(a)线弹性材料;(b)完全弹性材料;(c)有滞变的弹性材料

图 9.3.2 为一个岩石样品的应力-应变曲线,它给出了大多数岩石的本构关系,可以分五个区域描述:①OA 部分曲线向上凹;②AB 部分非常接近直线;③BC 部分向下凹,在 C 点达

到最大值;④CD 为下降的区域(岩石在不同区域的表现由微观机制所决定,特别是和微裂纹
的行为有关);⑤DE 区域为岩石破坏完成的阶段。

在 OA 段,随应力增加,应变增长速度减慢,仿佛岩石随应力增加而变硬,称为"做功硬化"
阶段。从微观机制上看,OA 段的弯曲实际是岩石中存在的大量微裂纹,在压应力作用下闭合
所造成的。

在 AB 段,岩石的行为非常接近于线弹性,该段的斜率称之为有效杨氏模量。在该区域加
载和卸载,可以观察到轻微的滞变,但岩石的结构和性质基本上是可逆的。

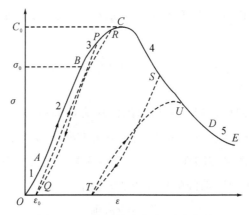

图 9.3.2　岩石的全应力-应变曲线

在 BC 段,B 点通常位于 C 点应力的三分之二处,在该段中岩石出现非弹性变形,应力应
变的斜率随着应力的增加逐渐地减少到零,称之为"软化"。岩石表现为延性,它定义为材料能
够维持永久变形而不失去其抵抗载荷能力的性质。称 B 点为屈服点,它定义为发生弹性变形
到延性行为的过渡点。在 BC 段中,非弹性体积应变增加,即出现体积膨胀。从微观机制来
看,岩石的体积膨胀是由于差应力导致微裂纹加速萌生和张性扩展所引起。B 点所对应的应
力记为 σ_0。在 BC 区域,岩石中发生不可逆变化,并且连续的加载和卸载循环将画出不同的曲
线。一个卸载循环 PQ,在应力回零时出现永久变形 ε_0。如果材料重新加载,则画出曲线 QR,
它位于曲线 $OABC$ 的下方,但最后和它连接。研究 AB、BC 段岩石微破裂萌生、发育导致膨胀
的机理,是岩石断裂力学极为重要的课题。这部分内容和地质工程的岩体损伤与构造地震的
孕育过程有密切联系。

第四个区域 CD,起始点为应力-应变曲线的最大值 C 点。C 点表示岩石在一定条件下所
能承受的最大载荷。C 点所对应的应力是峰值应力 C_0,叫做岩石的强度或破坏应力。C 点将
应力-应变曲线分成两个部分,C 点以前称为破坏前区域,C 点以后称为破坏后区域。在破坏
后区域,应力应变的斜率变为负值。卸载循环 ST 经常导致大的永久变形,而接着的重新加载
循环 TU,在低于与 S 相应的应力时,会趋近于曲线 CD。在 CD 区域里,材料抵抗载荷的能力
随变形的增加而减少,称这种行为为脆性。因此,C 点也成为延性向脆性的过渡点。CD 段的

研究包括岩石破坏的稳定性，岩样变形的局部化，损伤破坏导致失稳等。CD 段的研究与地质工程破坏的发生、地震的发生过程有密切的联系。

在 DE 段，岩石的宏观破裂已经完成，断裂面已经形成。岩石的应力-应变曲线所表示的是沿断裂面两侧岩石的摩擦滑动。

在岩石力学实验中，用普通试验机对样品加载时，一旦达到岩石的破坏强度（C 点），样品的承受能力下降，应变加速，储存在压机中的弹性能快速释放了出来，结果造成在 C 点岩样发生猛烈的破坏，实验只能得到破坏前的应力应变曲线。得到岩石破坏后的应力应变曲线，是20 世纪 70 年代后期，在试验机中采用电液闭环伺服控制技术之后才实现的。采用这种技术的压机称为刚性试验机，普通试验机称为柔性试验机。

9.4　岩石破坏的特殊性

岩石破坏有以下形式。

（1）纵向破裂。主要出现在单轴压力下，表现为不规则的纵向裂缝，与 σ_1 作用方向平行。位移方向与 σ_1 作用方向垂直，如图 9.4.1(a)所示。这种类型的破坏常出现在煤矿中煤层柱的破坏中，其侧面劈裂掉落的现象被称为"片帮"。

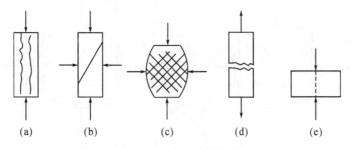

$$(a) \qquad (b) \qquad (c) \qquad (d) \qquad (e)$$

图 9.4.1　岩石破坏类型

（2）剪切破坏。在中等围压和轴压下出现。破裂面与 σ_1 作用方向成 γ 角（通常称之为优势角）。其特征为沿破裂面的剪切位移，如图 9.4.1(b)所示。γ 角的大小与内摩擦系数有关，例如，当摩擦系数为 0.7 时，$\gamma \approx 5.27$，断层运动和地震破裂多出现这种形式。当样品为圆柱状，具有轴对称性、均匀性，经过精心选择，且加载中心位置调整规范时，破坏结果可以呈现圆锥状。如果增加围压，材料将变成完全延性的，则出现网格状的剪切破裂，并伴随个别晶体的塑性变形，如图 9.4.1(c)所示。

（3）拉伸破裂。出现在单轴拉伸时，其破裂面明显分离，在表面间没有错动，如图 9.4.1(d)所示。如果平板受到线载荷压力，则在载荷之间发生拉伸破裂，如图 9.4.1(e)所示。

如何解释这些类型破坏的机制，是岩石断裂力学的重要课题。岩石断裂力学研究的内容，是岩石介质在地下环境下的破裂，因此，它不仅面临岩石这样一种特殊材料，还要面临压力环境。断裂力学是在材料强度领域发展起来的，首先需要解决的，是材料抗拉强度的问题，对 I

型裂纹问题进行了比较充分的研究。对于受压裂纹问题,在材料力学领域则很少遇到。

这里先讨论一个裂纹在压力环境下的行为。受压裂纹绝大多数是闭合裂纹,受压闭合裂纹有两个特殊性:

(1)裂纹类型。由于闭合裂纹面互相之间的物质不可入性,使得裂纹面只能产生滑动,从而成为剪切型裂纹。

(2)裂纹面之间有相互作用。由于摩擦本构关系的复杂性,使得裂纹面之间的相互作用成为非线性问题,同时还影响到裂纹端部的扩展。

这两个特殊问题中,剪切裂纹问题在材料科学中有少量研究,摩擦问题在材料科学领域已有几百年的研究历史。近几十年来,随着高新技术在表面物理学的应用,和赫兹接触问题的应用,摩擦学的机理研究取得很大进展。但摩擦学如何与断裂问题结合起来,则是近期在地学中迅速发展的新课题。

图9.4.2(a)为通常材料领域的符号制,其中拉应力为正;剪应力在以坐标轴正向为法向的坐标平面上,正向规定为朝向坐标的方向。图9.4.2(b)为岩石力学领域的符号制,其中压力为正;剪应力在以坐标轴正向为法向的坐标面上,正向规定为朝向坐标的反向。

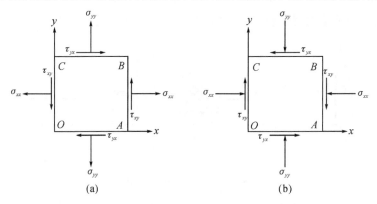

图 9.4.2　作用在二维正方形边上单位面积的力

(a)通常材料领域采用的符号制;(b)岩石力学领域采用的符号制

岩体工程的强度和稳定性主要受岩体介质结构与所处的应力环境的影响。就介质结构来讲,岩体中存在裂隙节理及断层;就所处的地应力环境而言,岩体通常处于受压状态。在分析岩体工程的强度和稳定性时,主要采用的数值方法有连续的与非连续的。前者将介质看成连续体,通过有限元、边界元等方法计算结构的变形与强度;后者认为岩体介质是被裂隙、节理与断层完全分割的块状体,采用近年发展起来的离散元方法、非连续变形分析等分析岩体介质的变形。上述方法针对不同的工程问题各具优越性。但一般而言,岩体既非完全的连续体,也非完全的离散体,而是含有裂隙等的缺陷体,岩体工程主要是从其中的裂隙、节理处起裂、扩展、贯通然后破坏,因此研究受压状态下裂隙的起裂扩展过程,对分析岩体工程的破坏有特别重要的意义。目前数值模拟裂纹扩展有变网格法、固定网格法以及近年出现的流形方法和无网格方法,后两种方法现正处在发展之中。而模拟岩体受压裂纹面闭合后的扩展仅有边界元方法。该方法以线弹性断裂力学理论为基础,分析裂纹的扩展过程,将裂纹面划分为位移非连续单元或应力非连续单元,考虑裂纹面的滑动摩擦效应。

9.5　格里菲斯受压闭合裂纹模型[35—37]

考察无限大线弹性平板内的一条长为 $2a$ 的格里菲斯裂纹,边缘受到均布双轴压力 σ_1 和 σ_2,裂纹方向和 σ_1 作用方向的夹角为 β(称为裂纹角),建立直角坐标系 xOy, x 轴与裂纹方向平行, y 轴与裂纹中垂线重合(见图 9.5.1)。由应力分量的坐标变换,得远场的应力状态为

$$\begin{cases} \sigma_{xx} = \sigma_1 \cos^2\beta + \sigma_2 \sin^2\beta \\ \sigma_{yy} = \sigma_1 \sin^2\beta + \sigma_2 \cos^2\beta \\ \tau_{xy} = (\sigma_1 - \sigma_2)\sin\beta\cos\beta \end{cases} \tag{9.5.1}$$

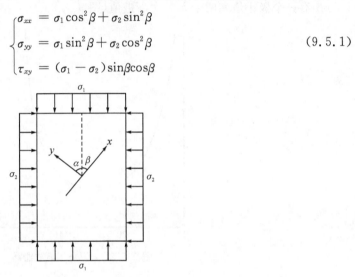

图 9.5.1　受双轴压力的格里菲斯裂纹

裂纹面受到的远场剪应力为 $\tau^\infty = \tau_{xy}$,正应力为 $\sigma_N = \sigma_{yy}$,属于 Ⅱ 型裂纹, $K_{\rm I} = 0$。由于裂纹面上作用有摩擦力 τ^f,所以裂纹表面受到等效剪应力为 $\tau_e = \tau^\infty - \tau^f$。事实上闭合裂纹面上的摩擦力 $\tau^f(x)$ 并不是均匀分布的。为数学推导上简便起见,引入等效摩擦力 $\bar{\tau}^f$,它是 $\tau^f(x)$ 在整个裂纹面上积分意义上的平均。同时,引入等效摩擦系数 f。

$$\bar{\tau}^f = f\sigma_N = f(\sigma_1 \sin^2\beta + \sigma_2 \cos^2\beta) \tag{9.5.2}$$

等效剪应力为

$$\tau_e = \tau^\infty - \bar{\tau}^f = \tau_{xy} - f\sigma_{yy}$$
$$= \frac{\sigma_1 - \sigma_2}{2}\sin2\beta - f(\sigma_1 \sin^2\beta + \sigma_2 \cos^2\beta) \tag{9.5.3}$$

裂纹端部的应力强度因子为 $K_{\rm II} = \tau_e \sqrt{\pi a}$,或

$$K_{\rm II} = \left\{ \frac{\sigma_1 - \sigma_2}{2}\sin2\beta - f(\sigma_1 \sin^2\beta + \sigma_2 \cos^2\beta) \right\} \sqrt{\pi a} \tag{9.5.4}$$

其断裂准则为 $K_{\rm II} = K_{\rm II C}$。

单轴压力加载实验中，$\sigma_1 = \sigma$

$$K_{\mathrm{II}} = \frac{1}{2}\sigma[\sin2\beta - f(1-\cos2\beta)]\sqrt{\pi a} \qquad (9.5.5)$$

临界载荷为 $\sigma = \sigma_c$。定义含裂纹材料的抗脆断能力为 $\sigma_c\sqrt{\pi a}$

$$\sigma_c\sqrt{\pi a} = \frac{2K_{\mathrm{II}C}}{\sin2\beta - f(1-\cos2\beta)} \qquad (9.5.6)$$

其中 $K_{\mathrm{II}C}$ 是材料常数，而 $\sigma_c\sqrt{\pi a}$ 却是 f 和 β 的函数，故有 $\sigma_c\sqrt{a} = \sigma_c\sqrt{a}(f,\beta)$。

在式(9.5.6)中固定 f(取 $f=0.7$)，只改变 β，可以绘制出 $\sigma_c\sqrt{a}$-β 函数曲线。从该曲线可以看出有一个极小值和两个无穷大渐进值(图 9.5.2)。

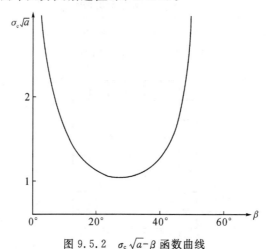

图 9.5.2　$\sigma_c\sqrt{a}$-β 函数曲线

令 $\beta = \beta_m$ 时，$\sigma_c\sqrt{a}$ 为最小，即满足

$$\partial(\sigma_c\sqrt{a})/\partial\beta = 0, \quad \partial^2(\sigma_c\sqrt{a})/\partial\beta^2 > 0 \qquad (9.5.7)$$

将式(9.5.5)代入式(9.5.6)，就得到

$$\sigma_c\sqrt{a} = \frac{\sigma_c\sqrt{a}K_{\mathrm{II}C}}{K_{\mathrm{II}}} \qquad (9.5.8)$$

$$\frac{\partial(\sigma_c\sqrt{a}K_{\mathrm{II}C})}{\partial\beta} = -\frac{\sigma_c\sqrt{a}K_{\mathrm{II}C}}{K_{\mathrm{II}}^2}\frac{\partial K_{\mathrm{II}}}{\partial\beta} \qquad (9.5.9)$$

式(9.5.9)就等效为

$$\frac{\partial K_{\mathrm{II}}}{\partial\beta} = 0, \quad \frac{\partial^2 K_{\mathrm{II}}}{\partial\beta^2} < 0 \qquad (9.5.10)$$

求 $\sigma_c\sqrt{\pi a}$ 的极小值就等效为求 K_{II} 的极大值。它的物理意义是，如果 K_{II} 关系式(9.5.5)的所有其他参数都不变，只改变 β，则当 $\beta = \beta_m$ 时，裂纹状态最接近临界点。称 β_m 为破裂优势裂纹角，简称优势角，则由式(9.5.5)得出

$$\frac{\partial K_{\mathrm{II}}}{\partial\beta} = \sigma\sqrt{\pi a}(\cos2\beta - f\sin2\beta) \qquad (9.5.11)$$

因此 $\dfrac{\partial K_{\mathrm{II}}}{\partial \beta}=0$ 的根为

$$\beta_{\mathrm{m}}=\frac{1}{2}\arctan\frac{1}{f} \tag{9.5.12}$$

经验证,这个解可以满足 $\dfrac{\partial^2 K_{\mathrm{II}}}{\partial \beta^2}<0$。

摩擦系数 f 代表着裂纹面之间相互作用的强弱,因此 f 对于材料的抗脆断能力必然有影响。表 9.5.1 给出了一些参考值。

表 9.5.1　裂纹面之间的摩擦系数与破裂优势角之间的关系

f	0.8	0.7	0.6	0.5	0.4	0.3
β	$25°40'$	$27°30'$	$29°31'$	$31°43'$	$34°06'$	$36°39'$

9.6　声发射法研究微裂纹演化

微裂纹演化和集结在断裂力学中始终是核心问题之一。格里菲斯理论的出发点,就是通过材料中存在原始缺陷来解释材料在低应力下的脆断现象。在断裂力学的微观研究中,实验证实,金属、陶瓷、混凝土和岩石等材料中裂纹端部的扩展不是简单的延伸,而是裂纹端部附近首先萌生微裂纹,在临界状态下它们集结,与宏观裂纹归并。岩石力学中的 Mohr - Coulomb 屈服准则,实际是对微破裂集结的一种宏观统计规律。

微裂纹成核理论认为,在微裂纹萌生的初期,由于密度不高,其相互作用可以忽略,每个微裂纹的行为可以看作孤立的。但当微裂纹的密度达到某一临界值时,其相互作用就不能忽略了。

Zhurkov(1965)依据热力学和统计物理学,提出了固体材料强度理论。他假定一固体处于不变的张力 F 作用之下,导出该固体的寿命由下式表示

$$t=t_0 \mathrm{e}^{\frac{U_0-\gamma F}{kT}} \tag{9.6.1}$$

式中:U_0 为断裂活动能;t_0 为固体内原子自激振动的周期,$t_0\approx 10^{-3}$ s;T 为物体绝对温度;k 为玻尔兹曼常数;γ 为材料力学特征参数。由上式我们知道,载荷越小,样品的寿命越长。反过来,加载时间越长,样品的强度越低。在地壳内,由于区域应力场在地质时期内多保持不变或变化很小,一般采用载荷不变的模型。在室内实验中,往往用蠕变仪来模拟这种情况,岩石的蠕变实际处于岩石压力应变曲线(见图 9.3.2)的 BC 段。

在用伺服实验机加载的实验中,有时用改变加载速率的方法来改变变形速率,但是需要指出,这种情况和保持载荷的实验原理有所不同。将上式中的实验条件改为从零载荷线性增加,受力 F 换成 $F(t)=\displaystyle\int_0^t h(t^*)\mathrm{d}t^*$,其中 $h(t^*)$ 为加载速率,材料中缺陷生成的速度为

$$\nu_{N^*} = A\exp\left(-\frac{U_0 - \gamma F(t')}{kT}\right) \tag{9.6.2}$$

生成的缺陷累积为

$$\nu(t') = \int_0^{t'} A\exp\left(-\frac{U_0 - \gamma F(t')}{kT}\right)\mathrm{d}t \tag{9.6.3}$$

假定加载速率为常数 $h(t^*) = h$，于是 $F(t) = ht$，再假定样品加载为等温过程，即 T 不变，式(9.6.3)就成为

$$V(t') = \frac{AkT}{\gamma}\mathrm{e}^{-\frac{U_0}{kT}}(\mathrm{e}^{\frac{\gamma ht'}{kT}} - 1) \tag{9.6.4}$$

在达到破坏的程度时，$F(t) = \sigma_\mathrm{c} = ht_m$，$t_m$ 为达到破坏所用的时间，记 $t_0 = V/A$，就得到材料强度 σ_c 与加载速率 h 的关系为

$$\sigma_\mathrm{c} = \frac{1}{\gamma}\left[kT\ln\left(\frac{\gamma t_0}{kT}h + \mathrm{e}^{-\frac{U_0}{kT}}\right) + U_0\right] \tag{9.6.5}$$

Zhurkov 等(1984)进一步提出了微破裂集结的临界条件——裂纹密度的判据。实验表明，处于临界自组织状态下微破裂的间距 R 和裂纹尺度满足 $R/L =$ 常数。假定 r_i 为某单元内裂纹之间的平均距离，则可以由结构单元内的裂纹集结程度 C 表示出

$$r_i = C^{-1/3} \tag{9.6.6}$$

引入无量纲参数 K

$$K = C^{-1/3}/l_i \tag{9.6.7}$$

l_i 为集结前微裂纹的尺度。理论推导表明，$K = \mathrm{e}$ 或 $K = 3$ 为微破裂集结归并的阈值。而实验研究结果表明上述规律存在尺度不变性(自相似)。Zhurkov 等(1984)的实验对象尺度涵盖了从 10^{-5} cm(晶格尺度)至 10^4(矿山岩爆)~10^5 cm(地震)的尺度。

Kuksenko 等(1995,1996)提出了岩石破坏分为两个阶段。认为在第一个阶段，裂纹或局部破坏随机产生，为累积阶段；在第二个阶段，裂纹的产生和演化从无序转为有序，导致破裂相互归并成核。此时裂纹数量和尺度加速扩大，进入非稳定破坏阶段。此阶段表现为声发射(小震)频度迅速加大。由于集结区的松弛，导致过程速率在主破坏前的暂时反弹(震前的平静)。这个理论对于解释强震前的地震序列以及矿山地震、小样品声发射序列特征(累积—密集—平静—主震)都适合，因此得到广泛的应用。

断裂力学研究裂纹前端微破裂集结过程，此过程也称为成核(nucleation)。这个概念最先产生于金属断裂力学的显微研究。该理论认为在应力环境或介质弱化的条件下，微破裂首先在较大范围内广泛产生，但具有一定优势方向和不均匀分布，分布格局受该处构造背景控制。由于微裂纹自身应力场分布的双偶极性，微破裂之间相互作用，导致部分裂纹愈合，部分裂纹新产生，此现象称为微破裂迁移。微破裂的迁移往往带有集结趋向，微裂纹的定向排列导致介质的各向异性。

在地震成因的研究中，成核被赋予更广泛的含义，即强震前断层的亚临界扩展和预滑，以

及地震破裂的起始。其主要内容是：由微破裂的集结、归并导致预滑段的形成。由于外界扰动的疲劳作用以及流体的应力腐蚀作用，预滑段经历了较长时间的慢扩展，在接近临界尺度时扩展逐渐加速，进入失稳扩展状态，构成地震破裂的起始。

事实上 nucleation 在英文中原来就是多义的，可指集结、成核、起始等意，广泛应用于许多学科所描述的突变过程，例如物理的相变过程、断裂扩展的起始等。当前国际上地震集结与成核的研究主要包括以下个方面：

(1)微破裂的集结特征以及断层(裂纹)之间的相互作用；

(2)摩擦本构关系；

(3)流体应力腐蚀作用；

(4)岩石的渗透率和流体的孔隙压作用。

声发射是靠岩石自身发射的弹性波，来研究岩石内部状态和力学特性的一种实验方法。岩石受力变形时，在岩体内原先存在或新产生的微裂纹发生突然的破裂，从而向四周辐射弹性波，这就是岩石的声发射(Acoustic Emission,AE)现象。

在岩石变形破裂实验过程中所产生的诸多信号里，AE 活动与微破裂演化活动的机制最为接近，在统计参数上与微破裂演化活动性的可对比性最强，其波形所携带的介质内部信息也最多，分辨率最高，其反演结果有可能成为判断岩石断裂危险性的重要物理测度。AE 的波形记录和地震波记录的波形是相似的，因此，通过 AE 技术研究岩石变形和破坏过程，对于研究油田、矿山的岩爆、矿震，进而探讨构造地震发生的物理过程，对于地震机理和地震预报研究都具有重要的理论和实际意义。

AE 现象的观测，最早起源于矿山探测，20 世纪 30 年代开始用于岩石矿物的研究，从那时起，真正开始了有意识地测量伴随破坏的弹性波，但并没有被称为 AE，而是被称为具有各专业特征的术语，如应力波发生、微震活动、冲击地压，等等。

岩石内 AE 波形的频谱比地震波要高，主要与观测对象的尺度和震源距有关。多数 AE 事件的主频超过了人耳所能听到的频率范围(20000 Hz)，为超声波。另外，由于室内实验样品尺度为米级以下，一般采用压电陶瓷晶片作为换能器，其记录的物理量为加速度。除自然破裂源的 AE 外，利用人工源发射超声波来研究岩石断裂过程中介质内部结构变化的技术，也得到了迅速发展。

Lockner(1993)从量级上估计了从记录系统所检测到的 AE 数目，认为不到花岗岩样品中微裂隙破后数目的 1%，暗示 AE 测量并未能完全表征破坏的全部过程。Lockner 的估计，对我们正确估计 AE 活动性的信息量具有重要启示。Lockner 的结论主要基于以下事实：

(1)声发射源的物理机制不完全是岩石内部的张性破裂，还应有许多其他的物理解释。特别在破裂后期，破裂之间的相互作用以及剪切摩擦使破裂机制变得极为复杂。

(2)张性破裂本身只有在非稳定破裂阶段才有声发射，在稳定扩展阶段缺乏声发射。

（3）岩石蠕变的后期阶段缺少声发射。

由此可见,仅仅用 AE 定位或数量来研究微破裂演化是不够的,还需要其他研究方法,并综合所得到的信息。

9.7 岩石断裂判据[35-37]

在岩土工程中,为了确定岩体的裂纹在荷载作用下是否扩展并导致断裂,需要通过计算来确定它的应力强度因子,然后与岩石的断裂韧度相比较,即引用断裂准则进行判别。对于单一型式的断裂问题,可用 K 判据,即 $K_I = K_{IC}$。线弹性断裂力学对于 I 型裂纹的断裂判据,有比较符合实际的结果。复合应力状态则是比较复杂的问题,尤其是压剪应力状态,至今还难以给出比较符合实际的断裂判据。

按复合应力状态,对岩石的断裂判据分别介绍。

1. 最大拉应力准则

对平面应力分析,可得到裂纹尖端的应力分布的极坐标表达式为

$$
\left.
\begin{aligned}
\sigma_r &= \frac{1}{2(2\pi r)^{1/2}} \left\{ K_I(3-\cos\theta)\cos\frac{\theta}{2} + K_{II}(3\cos\theta-1)\sin\frac{\theta}{2} \right\} \\
\sigma_\theta &= \frac{1}{2(2\pi r)^{1/2}} \cos\frac{\theta}{2} \{ K_I(1+\cos\theta) - 3K_{II}\sin\theta) \} \\
\tau_{r\theta} &= \frac{1}{2(2\pi r)^{1/2}} \cos\frac{\theta}{2} \{ K_I\sin\theta + K_{II}(3\cos\theta-1) \}
\end{aligned}
\right\}
\tag{9.7.1}
$$

最大拉应力准则假定:裂纹扩展时,扩展方向的应力强度因子达到临界值,此时

$$
\sigma_\theta \sqrt{2\pi r} = K_{IC}
\tag{9.7.2}
$$

式中:σ_θ 为断裂扩展角 θ 处的扩展拉应力。将式(9.7.1)代入,得

$$
\frac{1}{2}\cos\theta \left[K_I(1+\cos\theta) - 3K_{II}\sin\theta \right] = K_{IC}
\tag{9.7.3}
$$

最大拉应力作用下的扩展角 θ_0 可由下式决定

$$
\frac{\partial\sigma_\theta}{\partial\theta} = 0 \qquad \frac{\partial^2\sigma_\theta}{\partial\theta^2} < 0
\tag{9.7.4}
$$

代入式(9.7.1),得 $\cos\frac{\theta}{2}\left[K_I\sin\theta + K_{II}(3\cos\theta-1) \right] = 0$,$\theta = \pm\pi$ 除外,θ 应满足式(9.7.3)。

对于 I 型裂纹,$K_{II} = 0$,$K_I \neq 0$;由上式算得 $\theta = 0,\pi$;当 $\theta = 0$ 时,$K_I = K_{IC}$。

对于 II 型裂纹,$K_I = 0$,$K_{II} = \tau\sqrt{\pi a}$。有 $3\cos\theta_0 - 1 = 0$,得 $\theta_0 = \pm 70.5°$。

2. 应变能密度准则

薛昌明认为,复合型裂纹扩展的临界条件,取决于裂纹尖端的能量状态和材料性能。设裂纹尖端附近的弹性应变能密度为 W,则

$$W = \frac{1}{r}\{a_{11}K_{\mathrm{I}}^2 + 2a_{12}K_{\mathrm{I}}K_{\mathrm{II}} + a_{22}K_{\mathrm{II}}^2 + a_{33}K_{\mathrm{III}}^3\} = \frac{S}{r} \tag{9.7.5}$$

式中：S 称为应变能密度因子。可分以下两种情况讨论：

①裂纹开始沿着应变能密度因子最小的方向扩展。即在

$$\frac{\partial S}{\partial \theta} = 0, \quad \frac{\partial^2 S}{\partial \theta^2} > 0, \quad \theta = \theta_0 \text{ 处} \tag{9.7.6}$$

②S 达到临界值时，裂纹开始扩展，此时

$$S_{\theta=\theta_0} = S_{\mathrm{cr}} \tag{9.7.7}$$

式中：

$$a_{11} = \frac{1}{16\pi\mu}(1 + \cos\theta)(\kappa - \cos\theta)$$

$$a_{12} = \frac{1}{16\pi\mu}\sin\theta(2\cos\theta - \kappa + 1)$$

$$a_{22} = \frac{1}{16\pi\mu}[(\kappa+1)(1 - \cos\theta) + (1 + \cos\theta)(3\cos\theta - 1)]$$

$$a_{33} = \frac{1}{4\pi\mu}$$

$$\kappa = \begin{cases} 3 - 4\nu & \text{（平面应变）} \\ (3 - \nu)/(1 + \nu) & \text{（平面应力）} \end{cases} \tag{9.7.8}$$

应变能密度因子准则可以用于压缩条件下的复合断裂。薛昌明认为，临界值 S_{cr} 作为断裂的材料参数，它与裂纹几何形状及荷载无关。E. Z. Lajtal 则认为，薛昌明的理论能够应用于前述的受拉荷载，以及受压荷载的拉型断裂初期。

鉴于受压条件下的剪切断裂对岩体力学而言十分重要，如重力坝基沿基岩胶结面的断裂，以及地壳表面常见的压扭断裂等。这种剪切断裂又决定了岩体破坏的较晚阶段，因此有必要进一步加以讨论。

根据法向压应力（$K_{\mathrm{I}} < 0$）对剪切断裂的遏制作用，考虑到库仑公式的适用性及裂纹体的应力强度因子 K_{I}、K_{II}、K_{III} 均分别与裂纹平面上相应的名义法向应力、剪应力和扭剪力成正比，周群力建议对受压条件下的剪切断裂（K_{I}、K_{II} 与 K_{I}-K_{III} 复合型断裂）采用如下工程适用的简单关系：

压剪判据

$$\lambda_{12}\sum K_{\mathrm{I}} + |\sum K_{\mathrm{II}}| = \bar{K}_{\mathrm{II}c} \tag{9.7.9}$$

压扭判据

$$\lambda_{13}\sum K_{\mathrm{I}} + |\sum K_{\mathrm{III}}| = \bar{K}_{\mathrm{III}c} \tag{9.7.10}$$

式中：λ_{12}、λ_{13} 分别为压剪系数和压扭系数；$\bar{K}_{\mathrm{II}c}$、$\bar{K}_{\mathrm{III}c}$ 分别为压缩状态下的剪切断裂韧性和扭剪断裂韧性。λ_{12}、λ_{13}、$\bar{K}_{\mathrm{II}c}$、$\bar{K}_{\mathrm{III}c}$ 均由满足平面应变条件的标准试验测定。

9.8　岩体断裂判据

过去人们把岩体看成宏观的连续体,从弹塑性理论方面进行分析。随着断裂力学被引入岩石力学,可以从岩石裂缝的构造方面来分析其本构关系。这里介绍一个弹塑性断裂力学模型。此模型是将岩体看作岩块和软弱结构面的复合模型,将岩块看作弹性介质,软弱结构面看作弹塑性体,将断续的节理看作刚脆性结构面。其变形可以分为以下几个阶段:

(1)断续节理的起始断裂扩展。对岩体内的断续节理,在荷载持续增加的情况下,出现节理裂缝尖端的起始扩展。

(2)节理裂缝的贯穿。该模型假设断续节理起始扩展后,将逐渐延展集结成大的断裂面,将裂纹间的岩桥打穿,而形成贯穿的节理构造。

(3)滑移与啃断。在荷载不断增加的情况下,已贯穿的节理面有可能顺面滑移,也可能在拉裂情况下,发生节理面的张开。

(4)在同一种岩体内同时存在着若干组非正交节理,其变形条件和破坏情况将是以上三种情况的组合。此模型包含以下的模型:

①断续节理的脆断模型。在初始开裂阶段,裂隙贯穿,节理面滑移或节理面局部啃断。

②软弱结构面的弹塑性模型。该模型适用于岩体内存在规模较大的充填结构面的情况,用以描述充填物的弹塑变形特性。

③岩体含非正交节理裂隙的本构关系。即依据前述的破坏、变形条件推导出岩体的应力应变关系,它是一种包括复合体的弹性和弹塑性模型。

从岩体的破坏形态可以看出,节理岩体受到荷载作用时,其节理面将发生扩展。扩展的方式有多种,究竟在何种情况下按何种方式扩展,需要用断裂力学的方法解决。根据断裂力学观点,对受单向拉伸的裂纹,当应力强度因子 K 达到其韧度值 K_C 时,裂纹尖端就开始扩展。当裂纹既受拉又受剪时,称为复合型裂纹。此时裂纹扩展并不像单向拉伸那样沿裂纹方向定向扩展,而具有一定的扩展角 θ,如图 9.8.1 所示。

对于复合型断裂目前主要有三种判据,即最大周向拉应力理论 $\sigma(\theta)_{\max}$、最大能量释放率理论 $G(\theta)_{\max}$ 和最小应变能密度理论 $S(\theta)_{\min}$。这三种判据的出发点不同。$\sigma(\theta)_{\max}$ 理论假定:裂纹初始扩展是沿着周向正应力 σ_θ 达到最大值的方向发生的,当这个方向上的应力强度因子 K 达到 K_C 时,裂纹于端点起始扩展,并沿径向扩展,可写为

$$\lim_{r \to 0} \sqrt{2\pi r}(\sigma_\theta)_{\max} = K_{IC} \tag{9.8.1}$$

$G(\theta)_{\max}$ 理论假定:裂纹起始扩展是沿着能量释放功率 G 达到最大的方向发生的,在开裂角 θ_0 处,有 $\partial G/\partial\theta = 0$,$\partial^2 G/\partial\theta^2 < 0$。只要 $G(\theta)_{\max}$ 达到临界值 G_{cr},裂纹就开始扩展,可写为

$$G_{\theta_0} = G_{cr} \tag{9.8.2}$$

$S(\theta)_{\min}$ 理论假定:裂纹起始扩展是沿着应变能密度因子 S 最小的方向发生的,在开裂角 θ

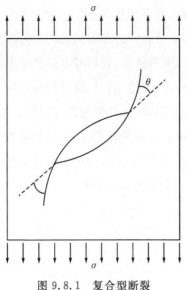

图 9.8.1　复合型断裂

处有 $\partial S/\partial \theta = 0$，$\partial^2 S/\partial \theta^2 > 0$。只要 S 达到临界值，裂纹就初始扩展，写为

$$\lim_{r \to 0} S_{\theta = \theta_c} = S_{cr} \tag{9.8.3}$$

以上三种复合型判据虽然源自金属断裂力学，但都较适合作为岩石复合断裂判据，这在有关文献中已经为有限元法的计算结果所证实。结果表明，$G(\theta)_{max}$ 和 $\sigma(\theta)_{max}$ 与实验值比较接近，$S(\theta)_{min}$ 则定性上一致。通过对正长岩、玄武岩进行的断裂试验也得到类似结论。但认为 $S(\theta)_{min}$ 考虑了材料同 θ 的关系，较之 $\sigma(\theta)_{max}$ 要好一些。通过对大理岩进行的断裂试验，将实验结果与线弹性理论判据进行比较。结果表明，断裂角 θ_c 实测值与理论值偏离较远，而 $\sigma_{\theta c}(\beta)/\sigma_{\theta c}(90°) - \beta$ 曲线的实测值与直裂纹 S_{min} 和 σ_{max} 轨迹相符。可认为，理论判据在拉剪状态时与实际较接近，采用 $S(\theta)_{max}$ 理论可能更合理一些。然而在压剪状态，应力强度因子包线理论与实测值相去较远。

在岩石工程中，岩石大部分处于压剪状态，因此，需要提出新的判据。混凝土与岩石接触面现场抗剪试验中，试件受反复加载出现疲劳裂纹，根据名义法向应力对剪切断裂有抑制作用的现象，可提出如下的线性压剪判据

$$\lambda_{12} \sum K_{I} + \left| \sum K_{II} \right| = \overline{K}_{IIc} \tag{9.8.4}$$

$$\lambda_{13} \sum K_{I} + \left| \sum K_{III} \right| = \overline{K}_{IIIc} \tag{9.8.5}$$

式中：λ_{12}、λ_{13} 为压剪、压扭系数；$\overline{K}_{IIc}$、$\overline{K}_{IIIc}$ 为压缩状态下的剪切和扭剪断裂韧度。此判据描述压剪复合断裂的应力强度因子包络线与实测值符合较好。也可以拟合出类似的 K_{I}-K_{II} 线性关系

$$K_{II} = f_i K_{I} + K_{IIc} \tag{9.8.6}$$

可以看出上式与式（9.8.4）的形式是一样的，具体参数 λ_{12}、λ_{13} 和 f 可由试验确定。这类

判据的缺点在于不能确定断裂角,还需借助 $S_{\min}$ 或 $G(\theta)_{\max}$ 等判据来判断开裂方向。

对于岩石类材料,其断续节理的岩桥是薄弱面,这是地质构造所形成的。试验已经证实,对于拱坝坝肩岩体,由于围压低、节理密集,破坏基本是沿节理面进行的,主要原因是岩桥的断裂韧度低于岩块断裂韧度。在分析节理扩展时,既应判断岩块断裂韧度,又应判断岩桥断裂韧度,由于一般的岩桥断裂韧度低得多,所以岩桥处首先断裂。因此,为了简化计算,考虑节理断裂一律沿弱面扩展。此假设与压剪复合判据式(9.8.4)的物理意义相一致。

建议采用的断裂判据有两种:拉剪复合判据和压剪复合判据。压剪判据已经由式(9.8.4)和式(9.8.5)给出,拉剪状态则可采用 $S(\theta)_{\min}$ 判据。

附录 A 弹性力学的基本方程

A.1 直角坐标系下平面弹性理论的基本方程

A.1.1 直角坐标下的平衡方程

在平面问题里,三个直角坐标的应力分量 σ_x、σ_y、τ_{xy} 之间必须满足如下的平衡方程(不考虑体力)

$$\frac{\partial \sigma_x}{\partial x} + \frac{\partial \tau_{xy}}{\partial y} = 0$$
$$\frac{\partial \tau_{xy}}{\partial x} + \frac{\partial \sigma_y}{\partial y} = 0 \tag{A.1.1}$$

A.1.2 直角坐标下的几何方程

三个直角坐标的应变分量即线应变 ε_x、ε_y 和剪应变 γ_{xy} 与沿 x 方向和 y 方向的位移分量 u、v 之间的关系必须满足如下的几何方程

$$\varepsilon_x = \frac{\partial u}{\partial x}$$
$$\varepsilon_y = \frac{\partial v}{\partial y} \tag{A.1.2}$$
$$\gamma_{xy} = \frac{\partial u}{\partial y} + \frac{\partial v}{\partial x}$$

从(A.1.2)中消去位移分量 u、v,得到了用三个应变即线应变 ε_x、ε_y 和剪应变 γ_{xy} 表示的应变协调方程

$$\frac{\partial^2 \varepsilon_x}{\partial y^2} + \frac{\partial^2 \varepsilon_y}{\partial x^2} = 2\frac{\partial^2 \gamma_{xy}}{\partial x \partial y} \tag{A.1.3}$$

A.1.3 直角坐标下的物理方程

平面弹性理论中有平面应力与平面应变两种基本的应力状态。

平面应力问题:发生在物体某一方向的尺寸远小于其余两个方向尺寸的情况下,即物体是一个很薄的平板,所有外力都作用在板的中面内,整个物体内有应力 $\sigma_z = \tau_{yz} = \tau_{zx} = 0$,对于均匀各向同性的线弹性体,应力和应变之间要满足如下的关系

$$\varepsilon_x = \frac{1}{E}(\sigma_x - \nu\sigma_y)$$

$$\varepsilon_y = \frac{1}{E}(\sigma_y - \nu\sigma_x) \tag{A.1.4}$$

$$\gamma_{xy} = \frac{1}{\mu}\tau_{xy}$$

平面应变问题:在弹性体沿某一方向(z方向)的尺度远大于其余两个方向的尺度,而且物体形状及载荷沿z方向不变的情况下,z方向的位移为零,即$w=0$,物体内的变形只发生在与xOy平行的平面内,此时应变$\varepsilon_z=\gamma_{yz}=\gamma_{zx}=0$,对于均匀各向同性的线弹性体,应力和应变之间要满足如下的关系

$$\left.\begin{array}{l} \varepsilon_x = \dfrac{1-\nu^2}{E}(\sigma_x - \dfrac{\nu}{1-\nu}\sigma_y) \\[3mm] \varepsilon_y = \dfrac{1-\nu^2}{E}(\sigma_y - \dfrac{\nu}{1-\nu}\sigma_x) \\[3mm] \gamma_{xy} = \dfrac{1}{\mu}\tau_{xy} \end{array}\right\} \tag{A.1.5}$$

将式(A.1.4)代入式(A.1.3),可以得到以应力分量表达的变形协调方程(又称为相容方程)为

$$(\frac{\partial^2}{\partial x^2} + \frac{\partial^2}{\partial y^2})(\sigma_x + \sigma_y) = 0 \tag{A.1.6}$$

上述三组方程(A.1.1)、(A.1.2)、(A.1.5)共有八个方程,它们是线性独立的,同时含有八个未知量:三个应力分量,三个应变分量和两个位移分量。因此给出具体的边界条件后,就可从八个方程求解出八个未知量。

A.2　极坐标系下平面弹性理论的基本方程

A.2.1　极坐标下的平衡方程

根据应力坐标变换的方法,可以得到直角坐标系下的应力分量和极坐标系下应力分量之间有如下的关系

$$\begin{cases} \sigma_r = \dfrac{\sigma_x + \sigma_y}{2} + \dfrac{\sigma_x - \sigma_y}{2}\cos2\theta + \tau_{r\theta}\sin2\theta \\[3mm] \sigma_\theta = \dfrac{\sigma_x + \sigma_y}{2} - \dfrac{\sigma_x - \sigma_y}{2}\cos2\theta - \tau_{r\theta}\sin2\theta \\[3mm] \tau_{r\theta} = \dfrac{\sigma_x - \sigma_y}{2}\sin2\theta + \tau_{xy}\cos2\theta \end{cases} \tag{A.2.1}$$

在极坐标下,三个应力分量σ_r、σ_θ、$\sigma_{r\theta}$之间必须满足如下的平衡方程(不考虑体力)

$$\begin{cases} \dfrac{\partial \sigma_r}{\partial r} + \dfrac{\partial \tau_{r\theta}}{r\partial \theta} + \dfrac{\sigma_r - \sigma_\theta}{r} = 0 \\[3mm] \dfrac{\partial \sigma_\theta}{r\partial \theta} + \dfrac{\partial \tau_{r\theta}}{\partial r} + \dfrac{2\tau_{r\theta}}{r} = 0 \end{cases} \tag{A.2.2}$$

A.2.2　极坐标下的几何方程

极坐标下的几何方程如下所示

$$\begin{cases} \varepsilon_r = \dfrac{\partial u_r}{\partial r} \\[3mm] \varepsilon_\theta = \dfrac{u_r}{r} + \dfrac{\partial u_\theta}{r\partial \theta} \\[3mm] \gamma_{r\theta} = \dfrac{\partial u_r}{r\partial \theta} + \dfrac{\partial u_\theta}{\partial r} - \dfrac{u_\theta}{r} \end{cases} \tag{A.2.3}$$

A.2.3　极坐标下的物理方程

在平面应力状态下，极坐标下的应力和应变之间要满足如下的关系

$$\varepsilon_r = \frac{1}{E}(\sigma_r - \nu\sigma_\theta)$$

$$\varepsilon_\theta = \frac{1}{E}(\sigma_\theta - \nu\sigma_r) \tag{A.2.4}$$

$$\gamma_{r\theta} = \frac{1}{\mu}\tau_{r\theta}$$

在平面应变状态下，极坐标下的应力和应变之间要满足如下的关系

$$\varepsilon_r = \frac{1-\nu^2}{E}\left(\sigma_r - \frac{\nu}{1-\nu}\sigma_\theta\right)$$

$$\varepsilon_\theta = \frac{1-\nu^2}{E}\left(\sigma_\theta - \frac{\nu}{1-\nu}\sigma_r\right) \tag{A.2.5}$$

$$\gamma_{r\theta} = \frac{1}{\mu}\tau_{r\theta}$$

A.3　应力函数

我们引入实函数 $U(x, y)$，令

$$\sigma_x = \frac{\partial^2 U}{\partial y^2}$$

$$\sigma_y = \frac{\partial^2 U}{\partial x^2} \tag{A.3.1}$$

$$\tau_{xy} = -\frac{\partial^2 U}{\partial x\partial y}$$

则这个实函数 $U(x,y)$ 称为 Airy 应力函数,将式(A.3.1)代入平衡方程(A.1.1)中,可知自动满足平衡方程,再代入变形协调方程即相容方程(A.1.6),可得到 Airy 应力函数必须满足的方程为

$$\frac{\partial^4 U}{\partial x^4} + 2\frac{\partial^4 U}{\partial x^2 \partial y^2} + \frac{\partial^2 U}{\partial y^4} = 0 \qquad (A.3.2)$$

式(A.3.2)为双调和方程,Airy 应力函数又称为双调和函数。平面弹性问题就是要寻找满足特定边界条件的双调和实函数 $U(x,y)$。

A.4　平面问题的边界条件

A.4.1　应力边界条件

如果在边界上给定了面力分量 $\overline{f}_x$、$\overline{f}_y$,$(\sigma_x)_s$、$(\sigma_y)_s$、$(\sigma_z)_s$ 是边界上的应力值,则平面问题的应力边界条件为

$$\left.\begin{array}{l}\overline{f}_x = l(\sigma_x)_s + m(\tau_{yx})_s \\ \overline{f}_y = l(\tau_{xy})_s + m(\sigma_y)_s\end{array}\right\} \qquad (A.4.1)$$

式中:l、m 分别是边界外法线的方向余弦。

A.4.2　位移的边界条件

如果在边界上给定了位移约束分量 $\overline{u}(s)$ 和 $\overline{v}(s)$,则对于此边界上的每一点,位移函数 u 和 v 应满足条件

$$u = \overline{u}(s) \qquad v = \overline{v}(s) \qquad (A.4.2)$$

以上就是弹性力学平面问题的基本方程即平衡方程、物理方程、几何方程和边界条件,求解弹性力学平面问题即求解 3 个应力分量、3 个应变分量及 2 个位移分量的未知函数。通常有两种方法求解:位移法和应力法。

位移法是以位移分量为基本未知函数,从基本方程和边界条件中消去应力分量和应变分量,导出只含位移分量的方程和相应的边界条件,从中解出位移分量,按后再求出应变分量和应力分量。

应力法以应力分量为基本未知函数,从基本方程和边界条件中消去位移分量和应变分量,导出只含应力分量的方程和相应的边界条件,从中解出应力分量,然后再求出应变分量和位移分量。

附录 B　用 Abaqus 求应力强度因子

断裂力学中求应力强度因子有不同的方法,而 Abaqus 中处理断裂过程也有几种方法,在此我们只举例说明如何在 Abaqus 中用 J 积分来求应力强度因子。

问题描述:以无限大平板含有一贯穿裂纹为例,裂纹长度($2a$)为 10 mm,在远场受双向均匀拉应力 $\sigma = 150$ N/mm^2。按解析解,此 I 型裂纹计算出的应力强度因子 $K_I = \sigma \sqrt{a\pi} = 594.3$ N·mm$^{-3/2}$。

以下为应用 Abaqus 6.10 计算该问题的过程。

(1)进入 Parts 模块,选择创建四边形 ⬚,输入坐标($-30,50$),($30,-50$),即可得到如图 B.1 所示模型。

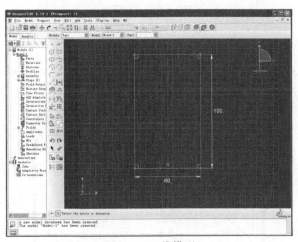

图 B.1　二维模型

利用 Partition Face Sketch ⬚,完成对模型的分解,分解效果图如图 B.2 所示。

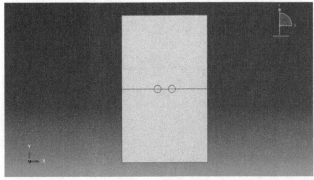

图 B.2　模型分解

（2）进入 Property 模块，完成对材料的定义。此例的材料定义为钢材，其弹性模量定义为：$E=2e11$ Pa，泊松比为 0.3，如图 B.3 所示。

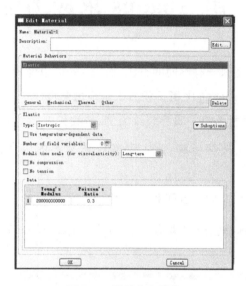

图 B.3 材料定义模块

（3）进入 Assembly，选择 Independent，点击 OK，完成对试件的装配。如图 B.4 所示（注意：此处实例类型选择独立）。

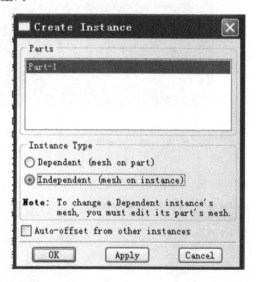

图 B.4 试件装配示意图

（4）进入 Interaction 模块。

①指定裂纹：Special/Crack/Assign Seam，选中如图 B.5 所示的加粗线，单击 Done 即完成裂纹指定。

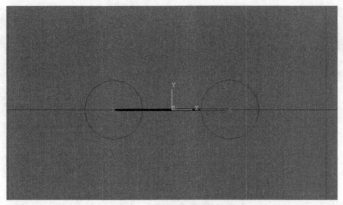

图 B.5 裂纹指定示意图

②生成裂纹 Crack 1：Special/Crack/Create。指定裂纹尖端，如图 B.6 中所示左侧圆中点，用向量 **q** 表示裂纹扩展方向，如图 B.7 中箭头所示。用同样的方法完成 Crack 2 的定义。对两个裂纹进行应力奇异性设置，具体可见图 B.8。这里 midside node parameter 选 0.25，对应裂尖塌陷(collapse)成 1/4 节点单元。如果 midside nodes 不移动到 1/4 处，则对应($1/r$)奇异性，适合理想塑性(perfect plasticity)的情况。

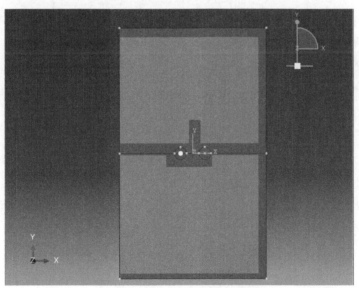

图 B.6 裂纹尖端指定示意图

(5)进入 Steps 模块，完成对分析步的定义。点击 ▶■ Create Step，创建分析步，如图B.9所示。点击 📊 创建历程输出，点击 Edit，出现如图 B.10 所示对话框，应注意作用域选择裂纹，分别选择 Crack 1 和 Crack 2，频率中 n 值设定为 1，云图数设定为 8，类型为 J 积分(此处，如果选择第四个选项，即应力强度因子，则算例计算结果中将会直接得出应力强度因子的数值)。

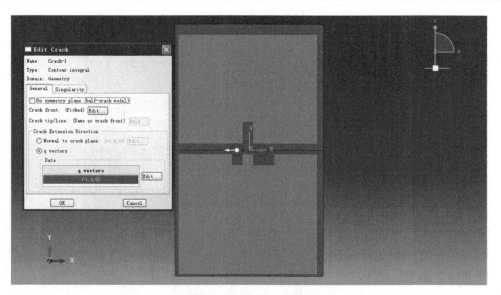

图 B.7　裂纹开裂方向指定

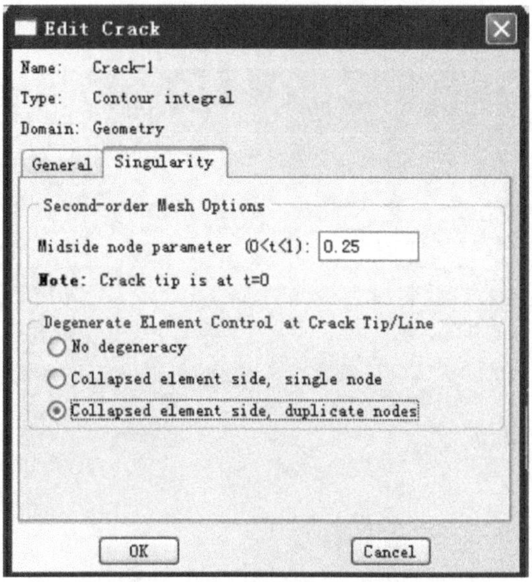

图 B.8　裂尖及奇异性定义

　　(6)进入 Loads 模块,完成对试件约束和荷载的定义。点击 ▭ 出现如图 B.11所示对话框,类型选择为 Pressure,点击 Continue,选择上下两条边,点击 Done,出现如图 B.12 所示对话框,在 Magnitude 中输入−150(在 Abaqus 中,拉力为负,压力为正),从而完成荷载的定义。

点击 ▭ 出现如图 B.13 所示对话框,选择位移和转角,单击 Continue 后选择约束线段,点击 Done,出现如图 B.14 所示对话框,将 U1,U2,UR3 全部勾选,点击 OK 后即完成约束的定义(见图 B.15)。

图 B.9 创建分析步示意图

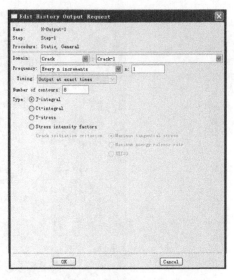

图 B.10 完成对 Crack 1 的 J 积分定义

图 B.11 创建荷载

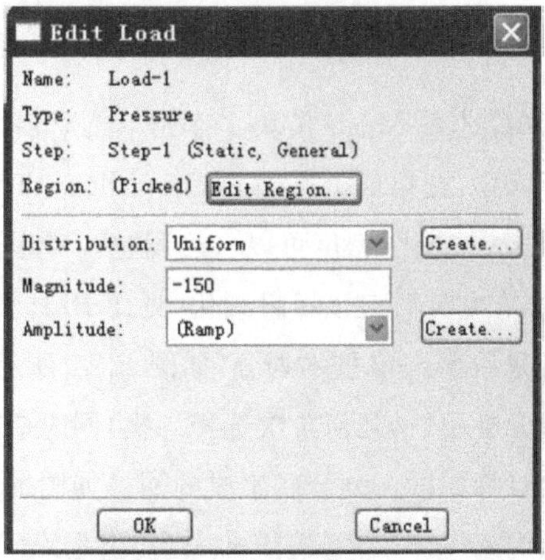

图 B.12 荷载编辑

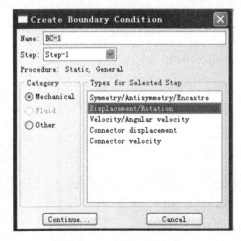

图 B.13 创建边界条件

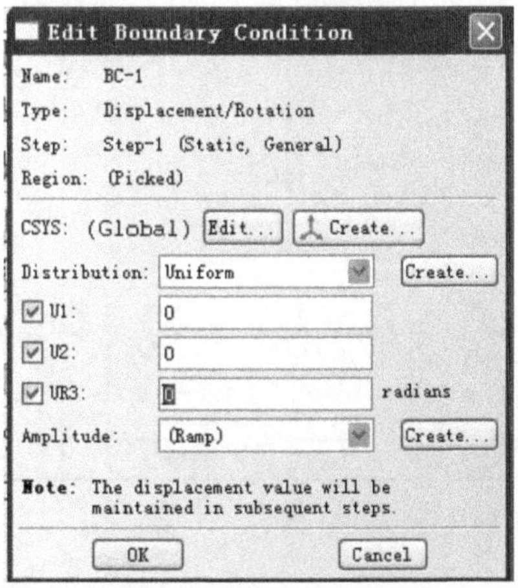

图 B.14 编辑边界条件

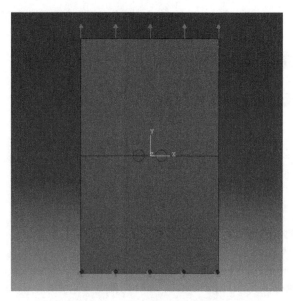

图 B.15 荷载和约束示意图

(7)进入 Mesh 模块。点击 ▦ ，选择为变布种的方法（见图 B. 16(a)），需注意在 Constraint 中，选第三个选项 Do not allow the number of elements to change(见图 B. 16(b))，即不准 seed 变化，密度可以自己调整。考虑到尖端处的奇异应力问题，为了防止在此处计算不收敛，在划分时应该尽量细化（见图 B. 19）。圆区域内在网格控制选项中选择以四边形为主，并且采用 Sweep 技术划分，如图 B. 17 所示，而其他部分设定为四边形，采用 Free 方式。在设定单元类型时，几何阶次选择二次，同时应把减缩积分的勾去掉（见图 B.18），这样可以较好地控制计算精度。划分后生成的网格如图 B. 19 所示。

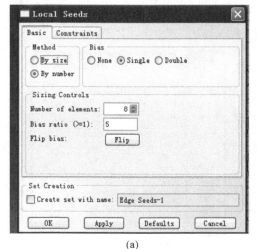

(a)

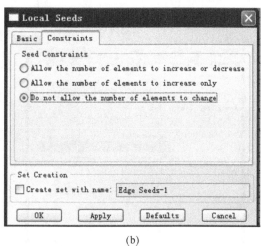

(b)

图 B.16 对裂纹尖端布种示意图

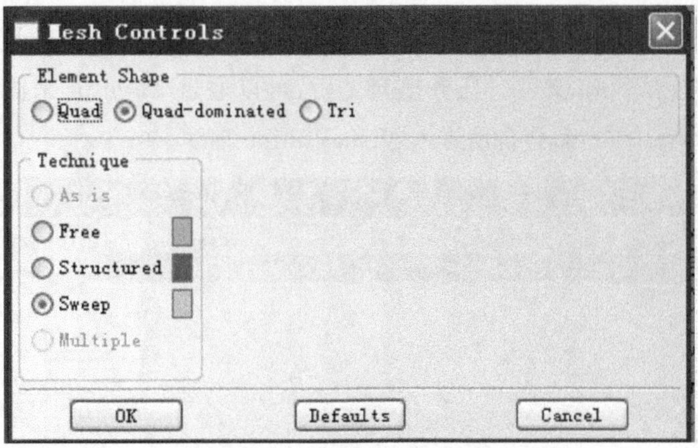

图 B.17　网格控制属性设定

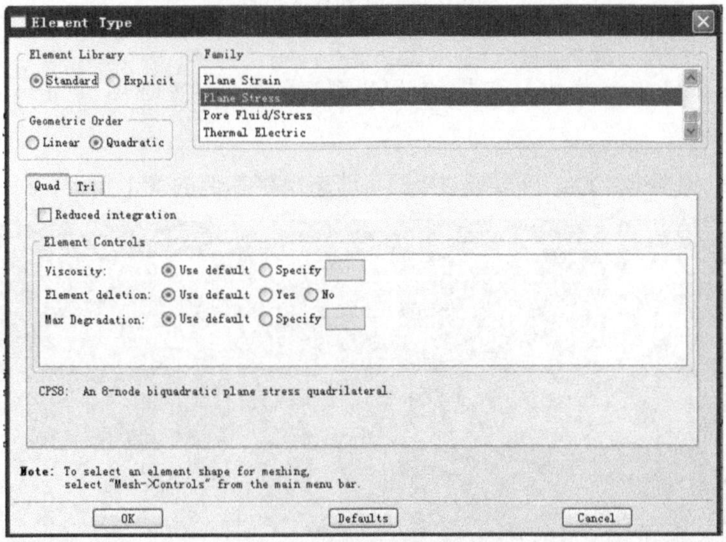

图 B.18　设定网格单元类型

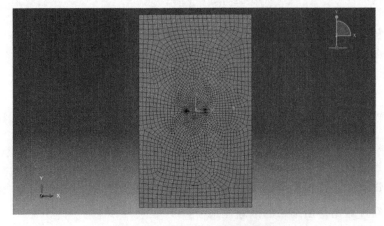

图 B.19　网格划分完成示意图

(8)进入 Job 模块。点击 ▦，出现如图 B.20 所示的对话框，再点击 Write Input，计算机将会在工作目录中生成 .inp 文件。任务提交之后，可以通过 Monitor 来监控任务完成状况，任务完成后点击 Results，界面会自动进入 Visualization 模块。

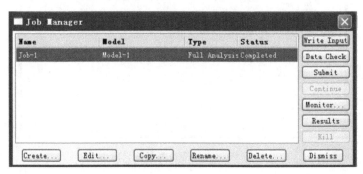

图 B.20　任务管理界面

(9)进入 Visualization 模块。点击 ▦ 可以观察到算例的变形图；点击 ▦ 可以观察算例的 Mises 应力图（见图 B.21）。可以通过 ▦ ▦ 动态观察算例的变形情况。

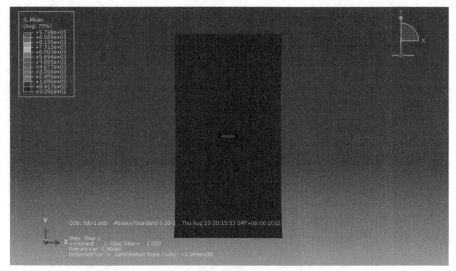

图 B.21　算例变形图

若在历程输出中选择 J 积分，打开 .dat 文件即可得出 J 积分的结果（见图 B.22），然后应用相关公式 $J = \dfrac{K_I^2}{E}$，即可得出 Ⅰ 型裂纹的应力强度因子；若在历程输出中选择应力强度因子，打开 .dat 文件即可得出该算例下的应力强度因子（见图 B.23）。可以通过 $K_I = \sigma \sqrt{\pi a}$ 得出裂纹的解析解。经过对比得出结果的准确性。

同时打开工作目录，用记事本打开 .inp 文件，即可看到模型建立过程，同时我们可以通过

File/Import/Model 导入.inp 文件,即可生成此算例。

```
                    J-INTEGRAL  ESTIMATES

CRACK        CRACKFRONT     CONTOURS
NAME         NODE SET
                             1            2            3            4            5
                             6            7            8

H-OUTPUT-1_CRACK-1
            -6-              1.8644E-06   1.8614E-06   1.8623E-06   1.8624E-06   1.8625E-06
                             1.8625E-06   1.8625E-06   1.8625E-06
```

图 B.22 J 积分结果

```
                    K  FACTOR     ESTIMATES

CRACK        CRACKFRONT     CONTOURS
NAME         NODE SET
                             1            2            3            4            5
                             6            7            8

H-OUTPUT-2_CRACK-2
            -10-     K1:     610.6        610.1        610.3        610.3        610.3
                     K2:     0.7315       0.7308       0.7311       0.7311       0.7311
            MTS  DIRECTION (DEG): -0.1373  -0.1373     -0.1373      -0.1373      -0.1373
                     J from Ks: 1.8645E-06 1.8614E-06  1.8624E-06   1.8625E-06   1.8626E-06
```

图 B.23 应力强度因子结果

可以得出用 Abaqus 计算的应力强度因子为 610.6 N・$mm^{-3/2}$,与解析解的相对误差约为

$$(610.3-594.3)/594.3=2.7\%$$

INPUT 文件如下(每一部分后面是相应的中文注释):

* Heading

* * Job name:Job - 1 Model name:Model - 1 * * 定义工作名和模型名

* * Generated by:Abaqus/CAE 6.10 - 1

* Preprint,echo = NO,model = NO,history = NO,contact = NO

* * Preprint 可设置在 DAT 文件(* .dat)中记录的内容,在 DAT 文件

* * 中不记录对 INP 文件的处理过程,以及详细的模型和历史数据。

* * ——

* * PARTS

* *

* Part,name = Part - 1

* End Part

* * 定义部件

* *

＊＊──────────────────────────────────

＊＊ ASSEMBLY

＊＊定义 Assembly 数据块的格式为：＊Assembly,Name＝装配件名称

＊＊   ......

＊＊   ＊End Assembly

＊＊省略号代表在 Assembly 数据块中的 Instance 数据块、定义在 Assembly 数据块中的

几何数据块，以及面和约束有关的数据块。

＊＊

＊Assembly,name＝Assembly

＊＊

＊Instance,name＝Part－1－1,part＝Part－1

＊＊──────────────────────────────────

＊Node

　　　　1,　　　　－5.,　　　　0.

　　　　2,　　　　－7.5,　　　　0.

　　　......

　　　7318,　　　　5.,　　　　0.

＊＊定义节点　节点编号　节点坐标

＊＊──────────────────────────────────

＊Element,type＝CPS8

1,15,16,230,229,2436,2437,2438,2439

2,16,17,231,230,2440,2441,2442,2437

...

2368,7298,7297,2408,　215,7318,7237,7217,7238

＊＊定义单元,单元类型为 CPS8　节点编号

＊＊──────────────────────────────────

＊Nset,nset＝_PickedSet3,internal,generate

　　1,　7318,　1

＊Elset,elset＝_PickedSet3,internal,generate

　　1,　2368,　1

＊＊节点集合：＊Nset,Nset＝节点集合名称,Generate

＊＊　　起始节点编号,结束节点编号,节点编号增量

＊＊──────────────────────────────────

* * Section:Section－1

* Solid Section,elset＝_PickedSet3,material＝Material－1,

* * 定义界面属性

* End Instance

* * ——

* Nset,nset＝_PickedSet7,internal,instance＝Part－1－1

1,

* Nset,nset＝_PickedSet8,internal,instance＝Part－1－1

1,

* Nset,nset＝_PickedSet9,internal,instance＝Part－1－1

14,

* Nset,nset＝_PickedSet10,internal,instance＝Part－1－1

14,

* Nset,nset＝_PickedSet12,internal,instance＝Part－1－1

9,10,102,103,104,105,106,107,108,109,110,111,112,113,114,115

116,117,118,119,120,121,122,123,124,125,2799,2863,2939,2944,2949,2957

2961,2984,2996,2998,3022,3026,3187,3203,3210,3216,3222,3226,3232,3233,3239,

3240

3307,3312,3392

* Elset,elset＝_PickedSet12,internal,instance＝Part－1－1

149,168,191,192,194,196,197,204,208,209,216,218,281,288,290,292

294,296,298,299,302,303,336,338,378

* Elset,elset＝__PickedSurf11_S2,internal,instance＝Part－1－1

1178,1179,1181,1204,1205,1209,1210,1212,1268,1290,1294,1304,1339

* Elset,elset＝__PickedSurf11_S4,internal,instance＝Part－1－1

1202,1203,1213,1216,1217,1220,1222,1233,1234,1236,1237,1302

* * ——

* Surface,type＝ELEMENT,name＝_PickedSurf11,internal

__PickedSurf11_S2,S2

__PickedSurf11_S4,S4

* * 定义 Surface 数据块的格式为：* Surface,Type＝面的类型,Name＝面的名称

* *　　　　　　　　　　　　构成面的集合 1,名称 1

* *　　　　　　　　　　　　构成面的集合 2,名称 2

```
   * *                              ……
   * Nset,nset = _PickedSet7 - 1_,internal,instance = Part - 1 - 1
   1,7239,7240,7241,7242,7243,7244,7245,7246,7247,7248,7249,7250,7251,7252,7253
   7254,7255,7256,7257,7258,7259,7260,7261,7262,7263,7264,7265,7266,7267,7268,
7269
   7270,7271,7272,7273,7274,7275,7276,7277,7278
   * Nset,nset = _PickedSet8 - 1_,internal,instance = Part - 1 - 1
   1,
   * Nset,nset = _PickedSet9 - 1_,internal,instance = Part - 1 - 1
   14,7279,7280,7281,7282,7283,7284,7285,7286,7287,7288,7289,7290,7291,7292,
7293
   7294,7295,7296,7297,7298,7299,7300,7301,7302,7303,7304,7305,7306,7307,7308,
7309
   7310,7311,7312,7313,7314,7315,7316,7317,7318
   * Nset,nset = _PickedSet10 - 1_,internal,instance = Part - 1 - 1
   14,
   * * 定义在 Assembly 数据块中的集合,Instance = 实体名称
   * *                          节点编号
   * End Assembly
   * * ————————————————————————————————————————————
   * * MATERIALS
   * *
   * Material,name = Material - 1
   * Elastic
   2e + 11,0.3
   * * 定义 Material 数据块的格式为:* Material,Name = 材料名称
   * *                          * Elastic
   * *                      弹性模量,泊松比
   * * ————————————————————————————————————————————
   * *
   * * STEP:Step - 1
   * *
   * Step,name = Step - 1
```

```
* Static
1.,1.,1e - 05,1.
```

** 定义 Step 数据块的格式为（以静力分析为例）: * Step,Name = 分析步名称

```
* *                              * Static
* *        初始增量步,分析时间,最小增量步,最大增量步
* * ------------------------------------------------------------
* * BOUNDARY CONDITIONS
* *
* * Name:BC - 1 Type:Displacement/Rotation
* Boundary
_PickedSet12,1,1
_PickedSet12,2,2
_PickedSet12,6,6
```

* * 定义 Boundary Condition

```
* *    Boundary
```

* * 节点集合,约定的边界条件类型

```
* * ------------------------------------------------------------
* * LOADS
* *
* * Name:Load - 1   Type:Pressure
* Dsload
_PickedSurf11,P, - 150.
```

* * 定义载荷 Load 数据块

* * 定义在面上的分布载荷: * DSload

* * 面的名称,载荷类型的代码,载荷值

```
* * ------------------------------------------------------------
* * OUTPUT REQUESTS
* *
* Restart,write,frequency = 0
```

* * 不输出用于重启动分析的数据。

```
* *
* * FIELD OUTPUT:F - Output - 1
* *
```

```
* Output,field,variable = PRESELECT
* Output,history,frequency = 0
* * 将 Abaqus 默认的历史变量写入 ODB 文件。
* * ————————————————————————————————————————————
* * HISTORY OUTPUT:H - Output - 1
* *
* Contour Integral,crack name = H - Output - 1_Crack - 1,contours = 8,crack tip
nodes,type = K FACTORS
 _PickedSet7 - 1_,_PickedSet8 - 1_, - 1.,0.,0.
* *
* * HISTORY OUTPUT:H - Output - 2
* *
* Contour Integral,crack name = H - Output - 2_Crack - 2,contours = 8,crack tip
nodes,type = K FACTORS
 _PickedSet9 - 1_,_PickedSet10 - 1_,1.,0.,0.
* * 历程输出设置
* * 名称  云图数  类型  计算区域
* End Step
```

附录 C 常见的应力强度因子表

序号	图示	应力强度因子
1. 无限大平板中的贯穿裂纹		
1-1		$K_{\mathrm{I}} = \sigma\sqrt{\pi a}$ $K_{\mathrm{II}} = \tau\sqrt{\pi a}$ $K_{\mathrm{III}} = \tau_l\sqrt{\pi a}$
1-2		$K_{\mathrm{I}} = \sigma\sqrt{\pi a}\sin^2\beta$ $K_{\mathrm{II}} = \sigma\sqrt{\pi a}\sin\beta\cos\beta$ $K_{\mathrm{III}} = \tau_l\sqrt{\pi a}\sin\beta$
1-3		A 端:$K_{\mathrm{I}} = \dfrac{P}{\sqrt{\pi a}}\sqrt{\dfrac{a+b}{a-b}}$ $\quad K_{\mathrm{II}} = \dfrac{Q}{\sqrt{\pi a}}\sqrt{\dfrac{a+b}{a-b}}$ B 端:$K_{\mathrm{I}} = \dfrac{P}{\sqrt{\pi a}}\sqrt{\dfrac{a-b}{a+b}}$ $\quad K_{\mathrm{II}} = \dfrac{Q}{\sqrt{\pi a}}\sqrt{\dfrac{a-b}{a+b}}$
1-4		$K_{\mathrm{I}} = \dfrac{p}{\pi}\sqrt{\pi a}\left[\arcsin\dfrac{c}{a} - \arcsin\dfrac{b}{a} - \right.$ $\left. \left(\sqrt{1-\left(\dfrac{c}{a}\right)^2} - \sqrt{1-\left(\dfrac{b}{a}\right)^2}\right)\right]$ $K_{\mathrm{II}} = \dfrac{q}{\pi}\sqrt{\pi a}\left[\arcsin\dfrac{c}{a} - \arcsin\dfrac{b}{a} + \right.$ $\left. \left(\sqrt{1-\left(\dfrac{c}{a}\right)^2} - \sqrt{1-\left(\dfrac{b}{a}\right)^2}\right)\right]$

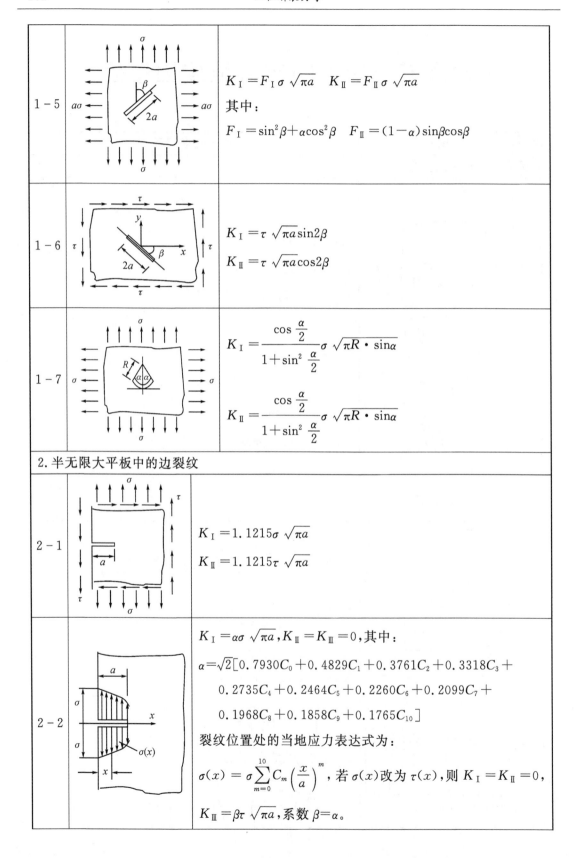

1-5		$K_{\mathrm{I}}=F_{\mathrm{I}}\sigma\sqrt{\pi a}\quad K_{\mathrm{II}}=F_{\mathrm{II}}\sigma\sqrt{\pi a}$ 其中： $F_{\mathrm{I}}=\sin^2\beta+\alpha\cos^2\beta\quad F_{\mathrm{II}}=(1-\alpha)\sin\beta\cos\beta$
1-6		$K_{\mathrm{I}}=\tau\sqrt{\pi a}\sin2\beta$ $K_{\mathrm{II}}=\tau\sqrt{\pi a}\cos2\beta$
1-7		$K_{\mathrm{I}}=\dfrac{\cos\dfrac{\alpha}{2}}{1+\sin^2\dfrac{\alpha}{2}}\sigma\sqrt{\pi R\cdot\sin\alpha}$ $K_{\mathrm{II}}=\dfrac{\cos\dfrac{\alpha}{2}}{1+\sin^2\dfrac{\alpha}{2}}\sigma\sqrt{\pi R\cdot\sin\alpha}$

2. 半无限大平板中的边裂纹

2-1		$K_{\mathrm{I}}=1.1215\sigma\sqrt{\pi a}$ $K_{\mathrm{II}}=1.1215\tau\sqrt{\pi a}$
2-2		$K_{\mathrm{I}}=\alpha\sigma\sqrt{\pi a},K_{\mathrm{II}}=K_{\mathrm{III}}=0$,其中： $\alpha=\sqrt{2}[0.7930C_0+0.4829C_1+0.3761C_2+0.3318C_3+$ $\quad 0.2735C_4+0.2464C_5+0.2260C_6+0.2099C_7+$ $\quad 0.1968C_8+0.1858C_9+0.1765C_{10}]$ 裂纹位置处的当地应力表达式为： $\sigma(x)=\sigma\displaystyle\sum_{m=0}^{10}C_m\left(\dfrac{x}{a}\right)^m$,若$\sigma(x)$改为$\tau(x)$,则$K_{\mathrm{I}}=K_{\mathrm{II}}=0$, $K_{\mathrm{III}}=\beta\tau\sqrt{\pi a}$,系数$\beta=\alpha$。

2-3	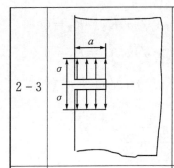	$K_{\mathrm{I}}=\alpha\sigma\sqrt{\pi a}$，$K_{\mathrm{II}}=K_{\mathrm{III}}=0$，其中：$\alpha=1.1215$。 即当地应力 $\sigma(x)=\sigma$，$C_0=1$，其余的系数为 0。若当地应力 $\tau(x)=\tau$ 则 $K_{\mathrm{I}}=K_{\mathrm{III}}=0$，$K_{\mathrm{II}}=\beta\tau\sqrt{\pi a}$，$\beta=1.1215$。 若当地应力 $\tau(x)=\tau_l$，则 $K_{\mathrm{I}}=K_{\mathrm{II}}=0$，$K_{\mathrm{III}}=\gamma\tau_l\sqrt{\pi a}$，$\gamma=1$。
2-4	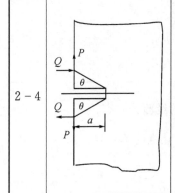	$K_{\mathrm{I}}=F\dfrac{2}{\sqrt{\pi a}}P\cos\theta(1+\alpha\sin^2\theta)$ $K_{\mathrm{II}}=F\dfrac{2}{\sqrt{\pi a}}Q\cos\theta(1-\alpha\sin^2\theta)$ 其中：$F=1.12+0.18\mathrm{sech}(\tan\theta)$， $\alpha=\begin{cases}\dfrac{1}{2}(1+\nu) & \text{（平面应力）}\\[2mm]\dfrac{1}{2}\left(\dfrac{1}{1-\nu}\right) & \text{（平面应变）}\end{cases}$

3. 有限宽板的贯穿裂纹

3-1	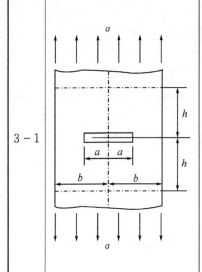	$K_{\mathrm{I}}=F\sigma\sqrt{\pi a}$，修正系数 F 有如下几种经验公式： (1) 取无限板具有周期裂纹的解作为近似解 $$F=\sqrt{\frac{2b}{\pi a}\tan\frac{\pi a}{2b}}$$ (2) 对 Isida 公式的最小二乘法拟合 $$F=1+0.128(\frac{a}{b})-0.288(\frac{a}{b})+1.525(\frac{a}{b})^3$$ (3) 修正的 Koiter 公式 $$F=(1-0.5(\frac{a}{b})+0.37(\frac{a}{b})^2-0.044(\frac{a}{b})^3)/\sqrt{1-\frac{a}{b}}$$ (4) 修正的 Feddersen 公式 $$F=[1-0.025(\frac{a}{b})^2+0.06(\frac{a}{b})^4]\sqrt{\sec\frac{\pi a}{2b}}$$

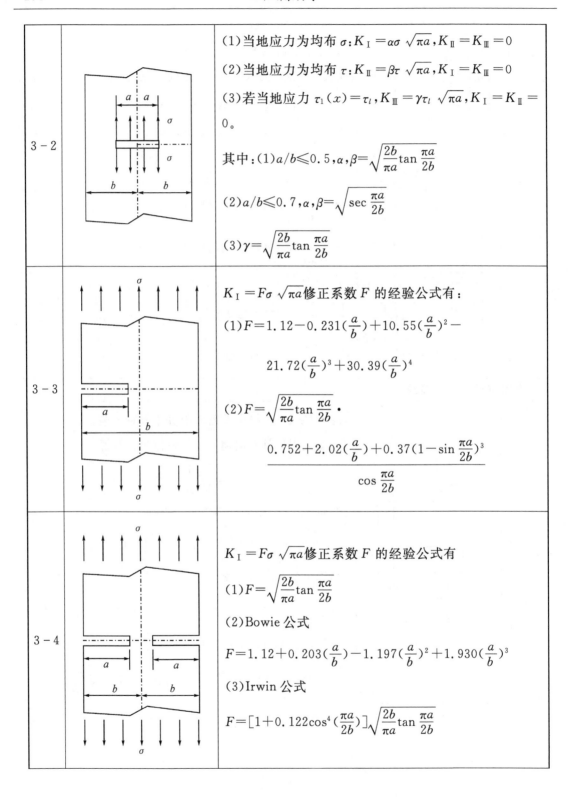

3-2		(1)当地应力为均布 σ：$K_{\mathrm{I}}=\alpha\sigma\sqrt{\pi a}$，$K_{\mathrm{II}}=K_{\mathrm{III}}=0$ (2)当地应力为均布 τ：$K_{\mathrm{II}}=\beta\tau\sqrt{\pi a}$，$K_{\mathrm{I}}=K_{\mathrm{III}}=0$ (3)若当地应力 $\tau_1(x)=\tau_l$，$K_{\mathrm{III}}=\gamma\tau_l\sqrt{\pi a}$，$K_{\mathrm{I}}=K_{\mathrm{II}}=0$。 其中：(1) $a/b\leqslant0.5$，$\alpha,\beta=\sqrt{\dfrac{2b}{\pi a}\tan\dfrac{\pi a}{2b}}$ (2) $a/b\leqslant0.7$，$\alpha,\beta=\sqrt{\sec\dfrac{\pi a}{2b}}$ (3) $\gamma=\sqrt{\dfrac{2b}{\pi a}\tan\dfrac{\pi a}{2b}}$
3-3		$K_{\mathrm{I}}=F\sigma\sqrt{\pi a}$ 修正系数 F 的经验公式有： (1) $F=1.12-0.231(\dfrac{a}{b})+10.55(\dfrac{a}{b})^2-$ $\qquad 21.72(\dfrac{a}{b})^3+30.39(\dfrac{a}{b})^4$ (2) $F=\sqrt{\dfrac{2b}{\pi a}\tan\dfrac{\pi a}{2b}}\cdot$ $\qquad \dfrac{0.752+2.02(\dfrac{a}{b})+0.37(1-\sin\dfrac{\pi a}{2b})^3}{\cos\dfrac{\pi a}{2b}}$
3-4		$K_{\mathrm{I}}=F\sigma\sqrt{\pi a}$ 修正系数 F 的经验公式有 (1) $F=\sqrt{\dfrac{2b}{\pi a}\tan\dfrac{\pi a}{2b}}$ (2)Bowie 公式 $F=1.12+0.203(\dfrac{a}{b})-1.197(\dfrac{a}{b})^2+1.930(\dfrac{a}{b})^3$ (3)Irwin 公式 $F=[1+0.122\cos^4(\dfrac{\pi a}{2b})]\sqrt{\dfrac{2b}{\pi a}\tan\dfrac{\pi a}{2b}}$

3-5	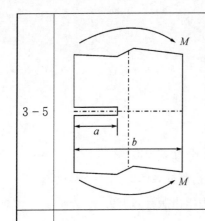	$K_{\text{I}}=F\sigma\sqrt{\pi a}$，$\sigma=6M/b^{2}$，厚度 $t=1$，修正系数 F 的经验公式有： $(1)\,F=1.122-1.40(\frac{a}{b})+7.33(\frac{a}{b})^{2}-13.08(\frac{a}{b})^{3}+$ $\qquad 14.0(\frac{a}{b})^{4}$ $(2)\,F=\sqrt{\dfrac{2b}{\pi a}\tan\dfrac{\pi a}{2b}}\,\dfrac{0.923+0.199(1-\sin\dfrac{\pi a}{2b})^{4}}{\cos\dfrac{\pi a}{2b}}$
3-6	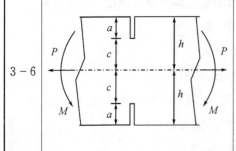	$K_{\text{I}}=\left[F_{P}P+F_{M}\dfrac{3M}{C}\right]\dfrac{\sqrt{\pi a}}{2\sqrt{ch}}$，$K_{\text{II}}=0$，其中： $F_{P}=1.122(1-0.5\dfrac{a}{h})-0.015(\dfrac{a}{h})^{2}+$ $\qquad 0.0911(\dfrac{a}{h})^{3}$ $F_{M}=\dfrac{4}{3\pi}\left[1+\dfrac{1}{2}(\dfrac{c}{h})+\dfrac{3}{8}(\dfrac{c}{h})^{2}+\dfrac{5}{16}(\dfrac{c}{h})^{3}\right]-$ $\qquad 0.47(\dfrac{c}{h})^{4}+0.663(\dfrac{c}{h})^{5}$
3-7	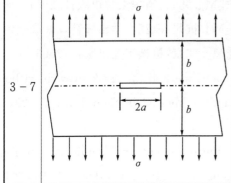	$K_{\text{I}}=\alpha\sigma\sqrt{\pi a}$，$K_{\text{II}}=K_{\text{III}}=0$，其中： $\alpha=\left[1+2.3498(\dfrac{a}{b})^{2}+0.4053(\dfrac{a}{b})^{4}+\right.$ $\qquad\left.37.3146(\dfrac{a}{b})^{6}+o(\dfrac{a}{b})^{8}\right]^{1/2}$ 当 $a/b\leqslant1$ 时，$o(\dfrac{a}{b})^{8}$ 为 $(\dfrac{a}{b})^{8}$ 阶微量项，可略去。

参考文献

[1] 高庆.工程断裂力学[M].重庆:重庆大学出版社,1986.

[2] 郦正能.应用断裂力学[M].北京:北京航空航天大学出版社,2012.

[3] 万玲,严波,张培源,等.断裂力学[M].北京:清华大学出版社,2012.

[4] 胡传炘.断裂力学及其工程应用[M].北京:北京工业大学出版社,1989.

[5] 王自强,陈少华.高等断裂力学[M].北京:科学出版社,2009.

[6] 李庆芬.断裂力学及其工程应用[M].哈尔滨:哈尔滨工程大学出版社,2007.

[7] 丁遂栋.断裂力学[M].北京:机械工业出版社,1997.

[8] 沈成康.断裂力学[M].上海:同济大学出版社,1996.

[9] 黄维扬.工程断裂力学[M].北京:航空工业出版社,1992.

[10] 臧启山,姚弋.工程断裂力学简明教程[M].合肥:中国科学技术大学出版社,2014.

[11] 陆毅中.工程断裂力学[M].西安:西安交通大学出版社,1987.

[12] 程靳,赵树山.断裂力学[M].北京:科学出版社,2008.

[13] 黎在良.高等边界元法[M].北京:科学出版社,2008.

[14] 王勖成,邵敏.有限单元法基本原理和数值方法[M].北京:清华大学出版社,2001.

[15] 王金昌,陈页开.Abaqus在土木工程中的应用[M].杭州:浙江大学出版社,2006.

[16] 石亦平,周玉蓉.Abaqus有限元分析实例详解[M].北京:机械工业出版社,2006.

[17] Moes N,Dolbow J,Belytschko T. A finite element method for crack growth without remeshing [J]. International Journal for Numerical Method in Engineering,1999,46 (1):131 - 150.

[18] Belytschko T,Black T. Elastic crack growth in finite elements with minimal remeshing [J]. International Journal for Numerical Method in Engineering,1999,45(5):601 - 620.

[19] Belytschko T,Gracie R. On XFEM applications to dislocations and interfaces[J]. International Journal of Plasticity,2007,23(10/11):1721 - 1738.

[20] 余天堂.扩展有限单元法——理论、应用及程序[M].北京:科学出版社,2014.

[21] 庄茁.扩展有限单元法[M].北京:清华大学出版社,2012.

[22] 李录贤,王铁军.扩展有限元法(XFEM)及其应用[J].力学进展,2005,35(1):5 - 20.

[23] 谢海,冯淼林.扩展有限元的Abaqus用户子程序实现[J].上海交通大学学报,2009,43 (10):1644 - 1653.

[24] 茹忠亮,朱传锐,张友良,等.断裂问题的扩展有限元法研究[J].岩土力学,2011,32(7): 2171-2175.

[25] Toshio N, Youhei O, Shuichi T. Stress intensity factor analysis of interface cracks using XFEM[J]. International Journal for Numerical Method in Engineering,2003,56 (8):1151-1173.

[26] Frenkel,Smit.分子模拟——从算法到应用[M].汪文川,周健,曹达鹏,等,译.北京:化学工业出版社,2002.

[27] 陈正隆,徐为人,汤立达.分子模拟的理论与实践[M].北京:化学工业出版社,2007.

[28] Ersland C H, Thaulow C, Vatne I R, et al. Atomistic modeling of micromechanisms and T-stress effects in fracture of iron[J]. Engineering Fracture Mechanics,2013,79: 180-190.

[29] 柳春图,蒋持平.板壳断裂力学[M].北京:国防工业出版社,2001.

[30] 何福保,沈亚鹏.板壳理论[M].西安:西安交通大学出版社,1993.

[31] 徐芝纶.弹性力学(下册)[M].4版.北京:高等教育出版社,2007.

[32] 柳春图.断裂力学中的局部-整体法[C].疲劳与断裂2000——第十届全国疲劳与断裂学术会议论文集,广州:2000,12.

[33] 周维垣.高等岩石力学[M].北京:中国水利电力出版社,1990.

[34] 侯公羽.岩石力学基础教程[M].北京:机械工业出版社,2010.

[35] 李世愚,和泰名,尹祥础.岩石断裂力学导论[M].合肥:中国科学技术大学出版社, 2010.

[36] 李世愚,尹祥础.岩石断裂力学[D].中国科学院研究生院,2006.

[37] 李贺.岩石断裂力学[M].重庆:重庆大学出版社,1988.